Modelarea Tridimensională Computerizată

Valeriu Drăgan

București

2013

Modelarea Tridimensională Computerizată

2013

ISBN 978-973-0-15928-8

Cuprins

Cuvânt înainte

Desenul tehnic a fost dintotdeauna o ramură de bază a proiectării – atât în inginerie cât şi în arhitectură sau urbanism. La ora actuală, desenul tehnic se realizează – la nivel profesionist – aproape exclusiv computerizat, singurele branşe în care, pentru fazele preliminare, se practică desenul liber fiind cele care urmăresc calităţi estetice (chiar şi ergonomia fiind acum asistată de calculator). Această situaţie este datorată, în special, ponderii majoritare a simulărilor numerice (CFD, FEA etc.) în procesul de proiectare, precum şi a dezvoltării metodelor de fabricaţie prin litografiere 3D sau, în genere, cu maşini-unelte cu comandă numerică.

Lucrarea de faţă este gândită ca o serie de exemple de desene tridimensionale ale unor piese/subansamble întâlnite în tehnică, prin care să fie trecute în revistă cât mai multe tehnici şi opţiuni de modelare ale programului de proiectare SolidWorks. Cu toate că nu au fost utilizate toate funcţiile şi uneltele disponibile, consider că acelea asupra cărora am insistat în elaborarea lucrării constituie un bun punct de plecare pentru utilizatorii care îşi doresc să atingă un nivel avansat.

Exemplele sunt anume alese pentru a îngloba cât mai multe etape, astfel încât abordarea, sau modul de lucru, să nu se piardă în spatele anumitor detalii de natură tehnică (instrumente de lucru, funcţii, opţiuni etc.). La începutul fiecărui capitol, "strategia" modelării este prezentată în linii generale tocmai pentru a insista asupra utilităţii ei. În tehnică, nu de puţine ori, întâlnim obiecte care, deşi par a fi simplu de modelat, se dovedesc a fi aproape imposibil de realizat fără aplicarea anumitor tehnici (cum este cazul transmisiilor cu lanţ). Tocmai de aceea este deopotrivă important să studiem subiectul desenului (care poate implica studierea prealabilă a relaţiilor şi implicaţiilor geometrice) şi tehnicile disponibile (cu capabilităţile şi limitările lor).

Deşi imaginaţia şi exerciţiul (experienţa) sunt complementare, ele au o natură fundamental diferită, aşadar trebuie cultivate fiecare în parte. Imaginația, în cazul de față, este privită mai degrabă ca o încercare continuă de a găsi alternative – mai generale sau particulare – pentru redarea intențiilor proiectantului într-o manieră care sa permită deopotrivă realizarea fizică a obiectului şi utilizarea sa în diversele aplicații de calcul.

Este absurdă ideea că experienţa acumulată în proiectarea unor piese de o anumită natură se poate transfera, într-o măsură suficient de bună, la modele complet diferite. De regulă, singurele cunoştinţe transferabile sunt cele legate de modul de a interpreta geometric problemele (şi, eventual, tehnicile specifice ale programului de lucru). De aceea este foarte importantă diversitatea atât în alegerea modelelor desenate cât şi în abordarea modelarii în sine – însă nu în detrimentul rigorii sau a utilităţii (din perspectiva utilizării ulterioare a modelului în alte programe inginereşti).

In fine, lucrarea doreşte a prezenta, într-un spaţiu cât mai scurt, o gamă cât mai variată de modele geometrice întâlnite în tehnică. Speranţa fiind ca, prin aceasta, să stimuleze imaginaţia cititorului şi în acelaşi timp să îi prezinte majoritatea tehnicilor de bază din modelarea tridimensională computerizată.

Autorul

Introducere

Programele de proiectare asistată de calculator (CAD) prezintă o serie întreagă de similitudini datorate, în principal, necesitaţilor de proiectare a pieselor şi ansamblelor precum şi de normele de cotare şi reprezentare prin desene de execuţie. Printre trăsăturile comune programelor CAD se număra stabilirea toleranţelor de lucru, a preciziei de randare, a vederilor precum şi a formatele universale prin care se exportă/importă către/dinspre alte programe inginereşti (*CAx*). De asemenea se întâlneşte adesea defalcarea în trei module : *Part Design* (pentru proiectarea componentelor), *Assembley Design* (pentru proiectarea ansamblelor sau subansamblelor) şi *Drawing* sau *Generative Drafting* (pentru schiţarea desenelor de execuţie).

Scopul lucrării de faţă este de a prezenta, prin exemple, principalele instrumente de modelare a pieselor, aşadar vor fi luate în discuţie doar aspectele legate de modulul

Part Design. Programul în care sunt realizate modelele este *SolidWorks*, terminologia precum şi meniurile sunt, deci, specifice acestuia. Totuşi, principiile aplicate sunt într-o bună masură transferabile şi în lucrul cu alte programe de proiectare (ţinând seama de capabilităţile şi particularităţile fiecăruia).

Un bun punct de plecare pentru proiectarea unui model este stabilirea unităţilor de măsură, a toleranţelor precum şi adaptarea spaţiului de lucru pentru a facilita vizualizarea în fiecare etapă de modelare. *SolidWorks* permite modificarea setărilor implicite (*default*) atât în ceea ce priveşte toleranţele cu care lucrează cât şi pentru alte valori (e.g. lungimea de extrudare). De asemenea, vederile (*viewports*) sunt ajustabile după necesităţile utilizatorului atât ca perspectivă cât şi ca textură de fundal (uneori fiind mai util un fundal de o anumită culoare).

La ora actuală, proiectarea propriu-zisă a oricărei componente mecanice presupune, aproape întotdeauna, simularea condiţiilor de funcţionare. Aşadar există necesitatea transferării geometriei din formatul nativ al programului în care a fost realizat modelul într-un program de discretizare sau de simulare numerică. Transferul se realizează prin intermediul unor formate universale standardizate cum ar fi:

- Stereolithographic (*.STL). Iniţial, formatul a fost conceput pentru litografierea 3D, strat cu strat. Inventatorul formatului, Chuck Hull, obţinând brevetul US4,575,330 pentru sistemul său. Reconstituirea suprafeţelor se realizează prin pavarea (mozaicarea) cu triunghiuri (cu toate că procesul se numeşte *„tesselation”* – lat. *tessera* ~ pătrat; gr. *τεσσερα* ~ patru) construite din puncte dispuse intr-un sistem de coordonate cartezian, în care toate coordonatele au valori pozitive. O particularitate este lipsa unităţii de măsură, aceasta fiind considerată, în general, cea implicită a programului în care se face citirea fişierului.

- ACIS (*.SAT) Probabil cel mai versatil format, acronim pentru *„Alan, Charles, Ian's System”,* a fost introdus spre sfârşitul anilor ’80. Pentru a putea exporta curbe sau schiţe, la exportul din *SolidWorks*, este necesară bifarea acestei opţiuni în momentul salvării, deoarece aceasta setare nu este implicită (*default*)

- ParaSolid (*.x_t; *.x_b) Din punct de vedere teoretic, acest format ar trebui să ofere cea mai bună calitate a suprafeţelor datorită modului de codificare a datelor. Un dezavantaj al formatului este imposibilitatea salvării curbelor 3D.

- IGES (*.IGS; *.IGES) *Initial Graphics Exchange Specification*, descris la sfârşitul anilor ’70 de biroul american pentru standarde sub codul *NBSIR 80-1978*. Odată cu introducerea formatului STEP, în anii ’90, dezvoltarea formatului a fost sistată însă acesta continuă să fie utilizat de majoritatea programelor CAD.

- STEP (*.STP; *.STEP) Descris prin standardul *ISO 10303-21*, este unul dintre cele mai moderne formate, fiind îmbunătăţit în anii 2000.

Programul *SolidWorks* permite, de asemenea, salvarea fişierelor în format portabil (*.pdf) în variantă 3D, acestea putând fi citit şi pe sisteme ce au instalat doar cititoare ale formatului *.pdf (fără a necesita instalarea prealabilă a vreunui modul *SolidWorks*). Astfel, utilizatorului îi este permisă prezentarea modelului tridimensional prin schimbarea perspectivei (prin rotirea, secţionarea sau translatarea în jurul modelului), a randării sau a iluminării modelului.

Fiecare format prezintă avantaje şi dezavantaje în funcţie de cerinţele utilizatorului. Majoritatea operaţiunilor de import al fişierelor care nu sunt proprii (native) programului necesită prelucrări, de regulă automatizate, pentru reconstituirea suprafeţelor. Însă, deoarece rigorile geometrice pot fi diferite (e.g. pentru calculul gazodinamic este de multe ori necesară o toleranţă extrem de mică, $\leq 10^{-5}$ [mm]), de multe ori se impune reconstituirea manuală a suprafeţelor.

Este util, la acest moment, să menţionăm şi compatibilitatea deosebită dintre programele proprii de simulare numerică din suita *Cosmos* sau *Flow Simulation* (fost *FloWorks*) care foloseşte geometria nativă din *SolidWorks*. Un alt program de discretizare spaţială care importă – cel puţin teoretic – formate native *SolidWorks* este *ICEM-CFD* produs de *Ansys*.

În partea de modelare, *SolidWorks* permite atât operaţiunile de bază - **Extrude, Loft, Rotate, Sweep** - în variantele ***boss*** şi ***cut*** (adaos şi tăiere) cât şi operaţiuni mai complexe de cum ar fi **Wrap, Free Form, Radiate, Surface – Offset, Face – Replace, Heal** sau **Spline on Surface**. De asemenea, *SolidWorks* este foarte bine dezvoltat şi din punctul de vedere al referinţelor geometrice (linii, puncte, plane, sisteme de coordonate etc.) care ajută mult utilizatorul atât ca puncte de reper cât şi pentru vizualizarea corectă a modelului.

Deoarece majoritatea funcţiilor şi operaţiilor de bază se regăsesc în mai toate programele CAD (într-o formă sau alta), sper ca exemplele următoare să poată servi şi în afara cadrului programului în care au fost realizate.

Cap.I - Modelarea unei roţi dinţate

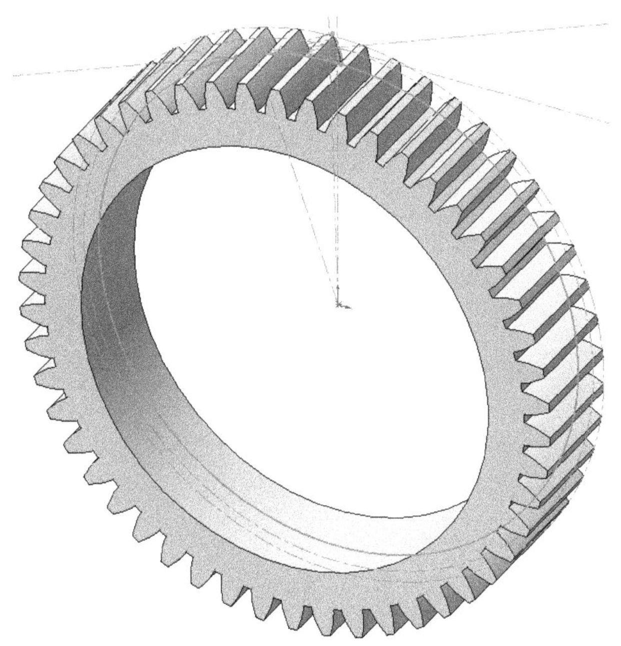

Cap.I - Modelarea unei roţi dinţate

Principala problemă de rezolvat în cadrul acestui capitol este trasarea profilului danturii roţii. Exemplul de faţă utilizează o metodă relativ simplă şi intuitivă care, aplicată succesiv, conduce la determinarea geometrică a câtorva puncte de pe profilul dintelui. Dintele este simetric şi are o construcţie după o curbă evolventă (involută). Datorită acestei forme, panta liniei pe care se transmite forţa de la o roată la alta rămâne constantă în timp.

Procesul de desen al profilului este unul destul de lung însă el este util pentru însuşirea unor funcţii de bază din modulul de schiţare al oricărui program de desen tehnic.

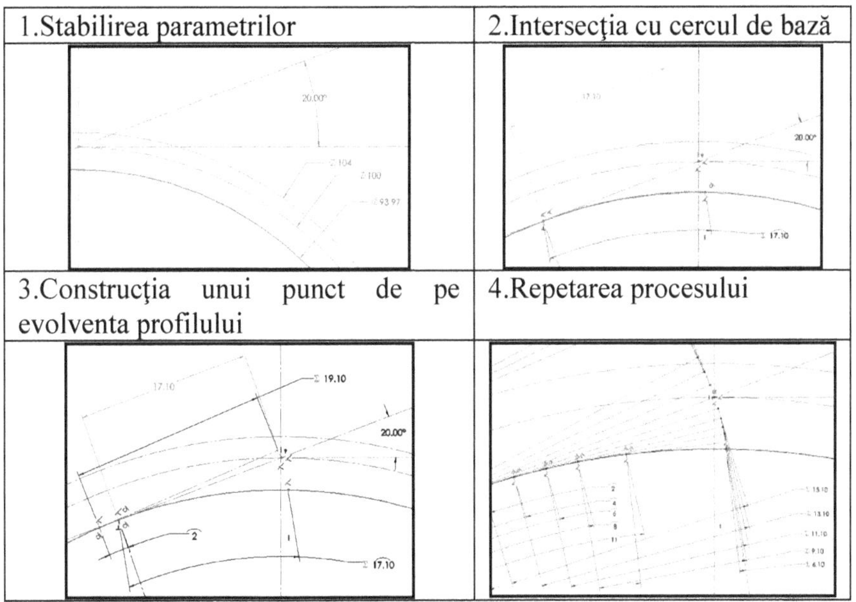

1.Stabilirea parametrilor	2.Intersecţia cu cercul de bază
3.Construcţia unui punct de pe evolventa profilului	4.Repetarea procesului

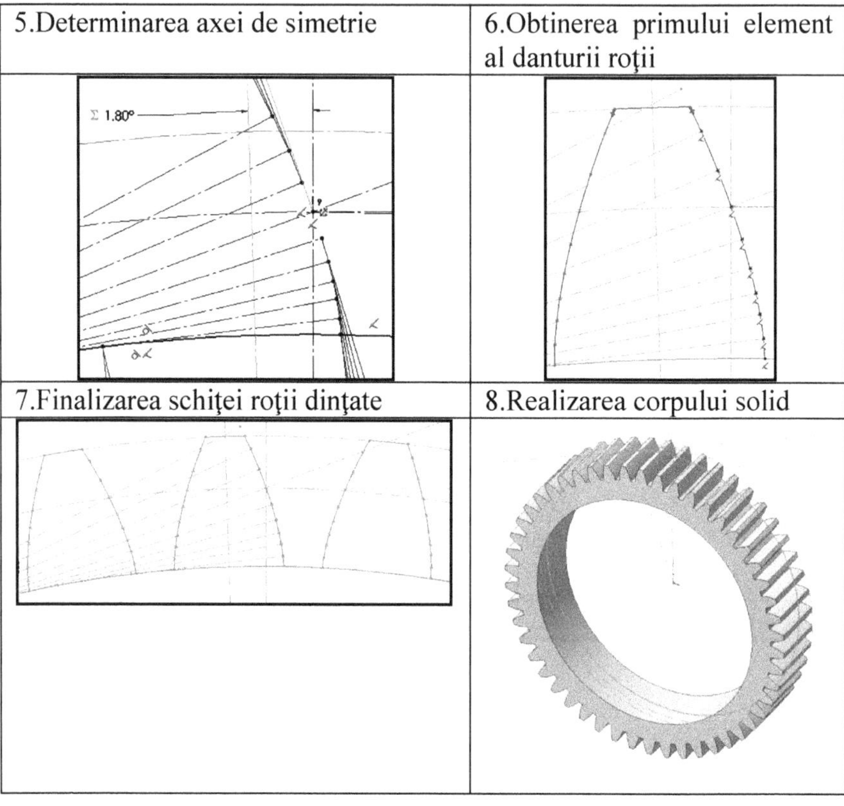
5.Determinarea axei de simetrie
6.Obtinerea primului element al danturii roţii
Σ 1.80°
7.Finalizarea schiţei roţii dinţate
8.Realizarea corpului solid

1. Construcţia schiţei plane

Profilul dintelui este definit de o evolventă care la rândul său este definită de o serie de parametri pe care utilizatorul (proiectantul) îi doreşte. Construcţia profilului porneşte de la un cerc cu rază dată (în cazul de faţă R = 100 mm) şi un unghi de contact (aici α = 20°). În Fig.1.1 sunt reprezentate cercul cu raza R, linia de construcţie orizontală, linia de construcţie oblică la unghiul α precum şi cercul tangent la linia oblică şi concentric cu cercul de divizare de raza R (cercul de bază). Pentru a marca faptul că liniile sunt de construcţie şi nu aparţin desenului se bifează opţiunea ***for construction,*** se recomandă ca linia oblică să aibă bifată şi opţiunea ***infinite length***. Principalul avantaj al opţiunii ***for construction*** este ca aceasta nu va intra în conflict cu o curbă normală în momentul în care se doreşte realizarea unei operaţiuni (**Extrude, Loft,** etc.), de asemenea ea simplifică şi vizualizarea schiţei.

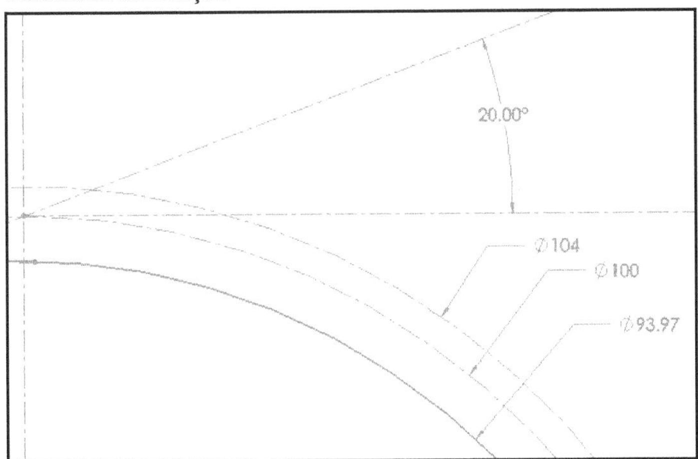

Fig.1. 1 – Construcţia incipientă pentru roata dinţată

Adăugarea relaţiilor dintre elementele schitei (puncte, drepte, curbe) se poate realiza manual, prin click dreapta pe punctul sau curba dorită şi selectarea din meniul care apare a optiunii **Add Relation**. Invers, dacă se doreşte eliminarea vreunei relaţii aceasta poate fi ştearsă direct din **Feature Manager.Design Tree.**

Diametrul obţinut prin construcţia cercului de bază se numeşte *diametrul de fund* al roţii dintate. Pentru diametrul exterior al roţii, *diametrul de cap*, este necesar să cunoaştem numărul dinţilor rotii care rezultă din relaţia

$$N = \frac{D_{pitch}}{m} \qquad (1.1)$$

unde m este modulul normal ales pentru roată.

Pentru cazul descris aici m=2 ceea ce conduce la un diametru de D_{cap} =104 mm şi la un număr de dinţi N=50.

2. Adaugarea punctelor de pe profilul flancului dintelui

Începem prin a introduce o cotare pentru segmentul oblic de dreaptă, tangent la cercul de bază şi secant la cercul de divizare. Această cotă va fi redenumită din meniul **Properties** al cotei. Trebuie bifată optiunea **driven** pentru ca aceasta să se reactualizeze când schiţa va fi modificată.

Punctul de intersecţie al flancului dintelui cu cercul de bază (cu diametrul de fund) se obţine prin "înfăşurarea" lungimii *L* pe circumferinţa cercului de bază.

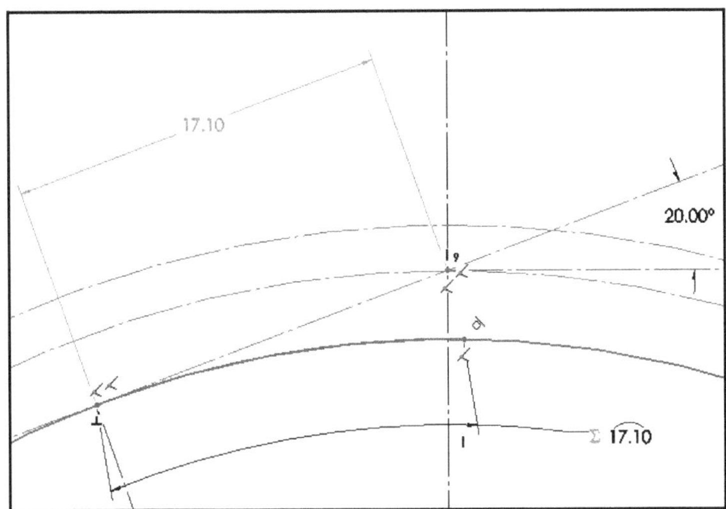

Fig.1.2 – Intersecţia flancului dintelui cu cercul de bază

În Fig.1.2 se prezintă construcţia geometrică a punctului de intersecţie dintre profilul evolventei (flancului dintelui) şi cercul de bază. Construcţia este relativ simplă, singura condiţie impusă fiind ca lungimea arcului de cerc să fie egală cu lungimea de referinţă L.

Continuăm prin introducerea unui arc de cerc de raza egală cu cea a cercului de bază şi unul din capete fixat în punctul de tangenţă al cercului de bază cu linia oblică de construcţie. Acest arc va trebui la rândul său să fie cotat şi re-denumit *"C"*, pentru a măsură lungimea arcului (nu a corzii) se selecteaza prin click stânga succesiv capetele arcului şi arcul propriu-zis. Marcajul care indică masurarea lungimii arcului este cel din Fig.1.3.

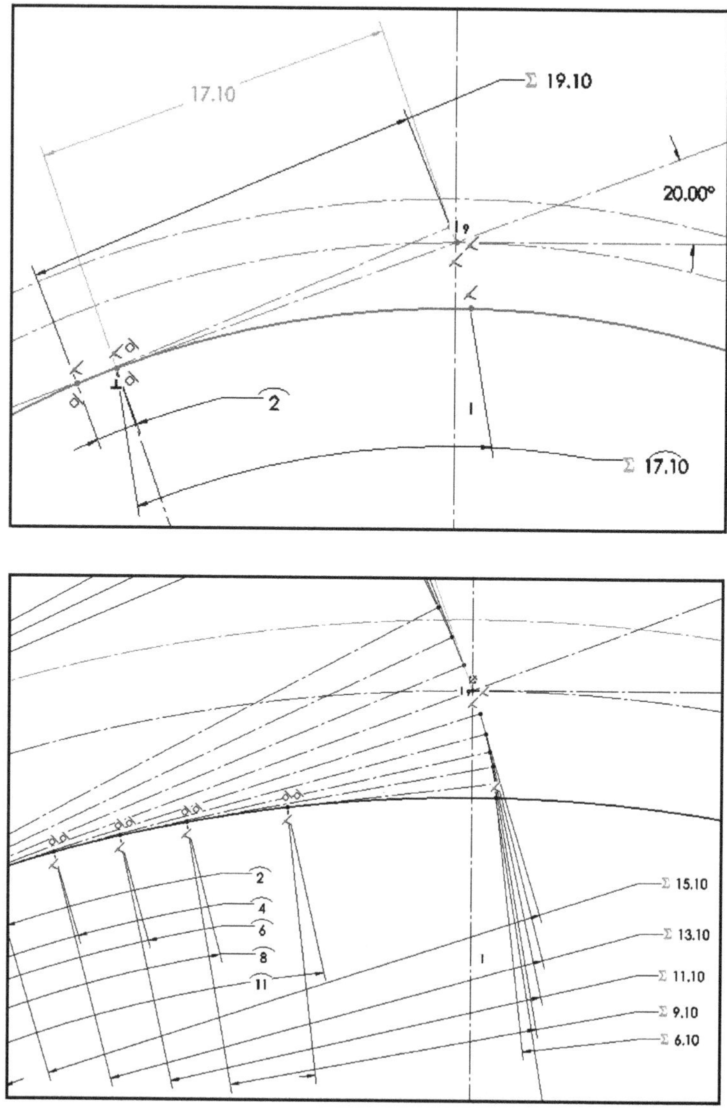

Fig.1.3 – Construcţia unui punct de pe profilul dintelui (sus)
Punctele finale de pe profilul dintelui (jos)

În continuare se generează o linie de construcţie de lungime D, tangentă la arcul nou creat dar în cel de-al doilea punct, B.

Deoarece, din definitie, ştim că relaţia dintre L, C şi D este

$$D = C + L, \tag{1.2}$$

putem obţine coordonatele punctului de pe flancul dintelui prin utilizarea relaţiilor matematice (**Tools – Equations**).

Aşadar, după cotare şi redenumire, introducem relaţia

"D@Sketch1" = "L@Sketch1"+"C@Sketch1"

(Pentru punctele aflate sub linia cercului de divizare ecuaţia devine

"D@Sketch1" = "L@Sketch1"-"C@Sketch1")

si obţinem punctul de pe flancul profilului a cărui distanţă curbilinie faţă de primul nostru punct este egală cu lungimea C. În mod similar pot fi obţinute puncte de-a lungul profilului dintelui pentru a îl descrie.

3. Determinarea axei de simetrie a danturii

Pentru a optimiza plasarea acestor puncte suplimentare este necesara cunoaşterea axei de simetrie a profilului dintelui (pentru a nu risca determinarea unui punct care, deşi se afla pe curba teoretică, nu se regăseşte în profilul dintelui propriu-zis).

Devierea față de verticală a axei de simetrie a profilului se determină prin ecuația (care va fi impusă și în acest caz din meniul **Tools – Equations**).

$$\theta = \frac{360/N}{4} \tag{1.3}$$

unde N este numărul de dinți ai roții (în cazul de față N = 50)

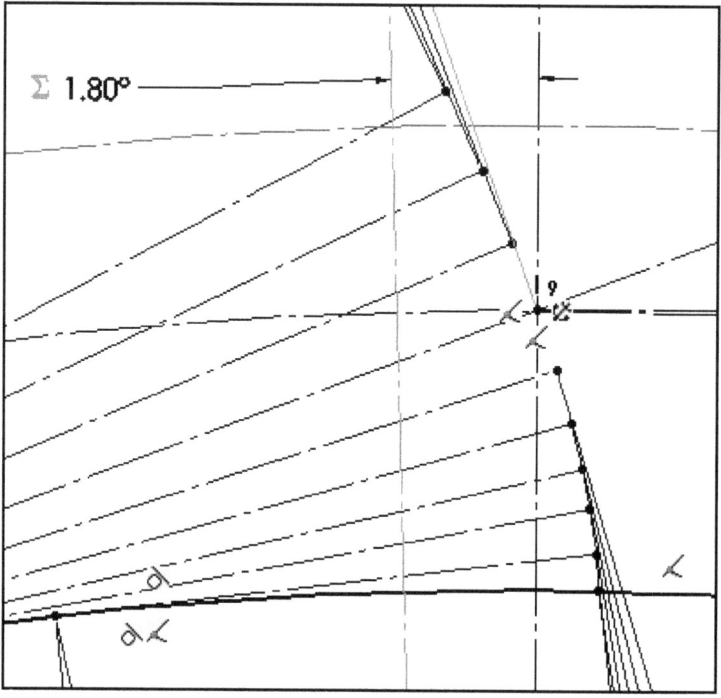

Fig.1.5 – Construcția pentru axa de simetrie a profilului dintelui

4. Schiţarea propriu-zisă a dintilor rotii

În cazul în care toate curbele şi segmentele de dreaptă utilizate în determinarea punctelor au fost declarate ca linii de construcţie (***for construction***), putem începe schiţarea prin curbe spline a profilului dintelui direct în respectiva schiţa. Acest lucru însă nu este unul indicat din cauză că încarcă schiţa prea mult, fapt care poate conduce la confuzii şi – pe cale de consecinţa – la erori.

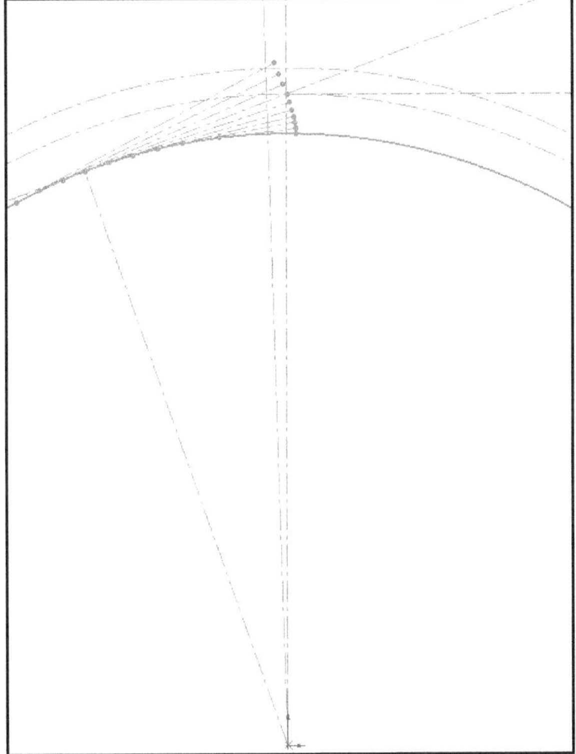

Fig.1.6 – Punctele determinate prin construcţie grafică aparţinând conturului dintelui rotii dinţate.

Vom deschide, aşadar, o nouă schiţă coplanară cu cea în care au fost determinate punctele şi axa dintelui. Folosind o curbă spline, unim punctele determinate unul câte unul pentru a genera profilul evolventei ce determina flancul dintelui.

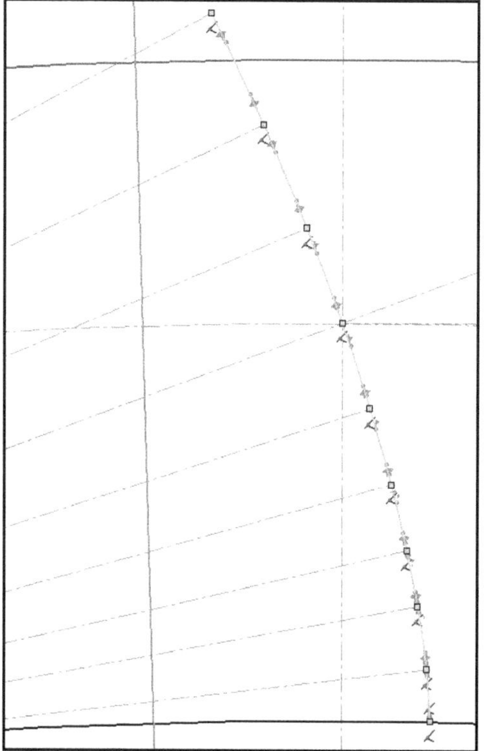

Fig.1.7 – Construcţia profilului dintelui.

Folosind funcţiile **trim** şi **mirror** obţinem schiţa din Fig.1.8, pe care o putem deja folosi la finalizarea modelului.

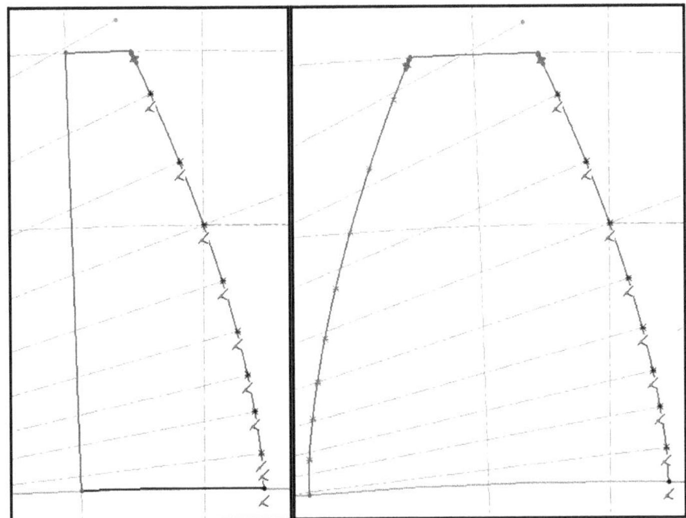

Fig.1. 8 – Profilul dintelui după **trim** (stânga) şi după **mirror** (dreapta)

Aplicând un tipar circular (**Tools – Sketch Tools – Circular Pattern**) cu numărul de dinţi calculat obţinem restul dinţilor rotii Fig.1.9. Desigur, există posibilitatea extrudării unui singur dinte pentru ca apoi acesta să fie folosit într-un tipar circular pentru obţinerea întregii roţi.

Aceştia însă trebuie conectaţi între ei prin arce de cerc. O metodă simplă de a realiza acest lucru este desenarea unui cerc de diametrul cercului de fund şi folosirea funcţiei **trim** pentru a îndepărta arcele de cerc inutile.

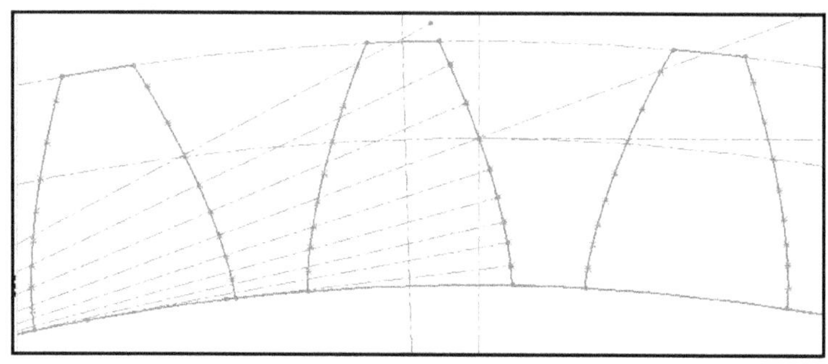

Fig.1.9 – Contururile dinţilor rotii

Odată finalizată schiţa, putem folosi funcţia **Extrude** pentru a genera un model 3D al roţii. Desigur există o serie de detalii ce trebuie adăugate pentru obţinerea piesei finite însă acestea depăşesc scopurile prezentării de faţă.

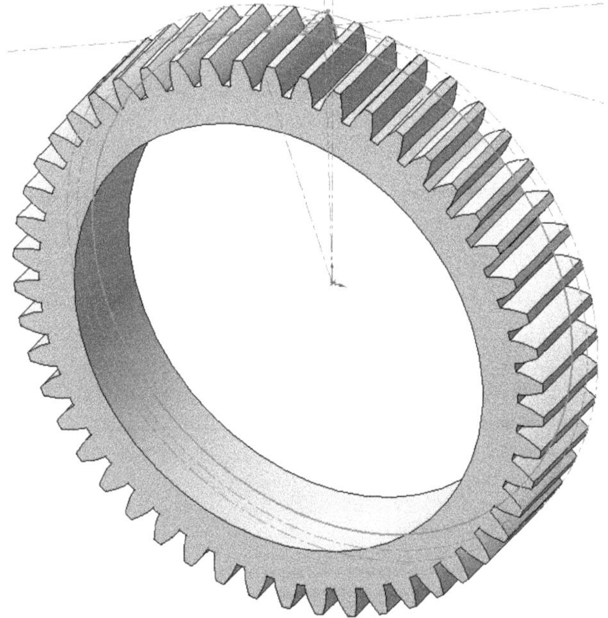

Fig.1.10 – Profilul extrudat al schiţei rotii dinţate

Există şi cazuri în care roata dinţată, deşi cilindrică, are dinţii înclinaţi. Având ca bază profilul roţii extrudat (similar Fig.1.10), putem folosi funcţia **Twist (Insert – Features – Flex – Twist**) pentru a răsuci modelul. Apoi, putem adăuga (după caz) şi simetricul rotii iniţiale prin funcţia **Mirror (Insert – Features – Mirror – bodies to mirror**).

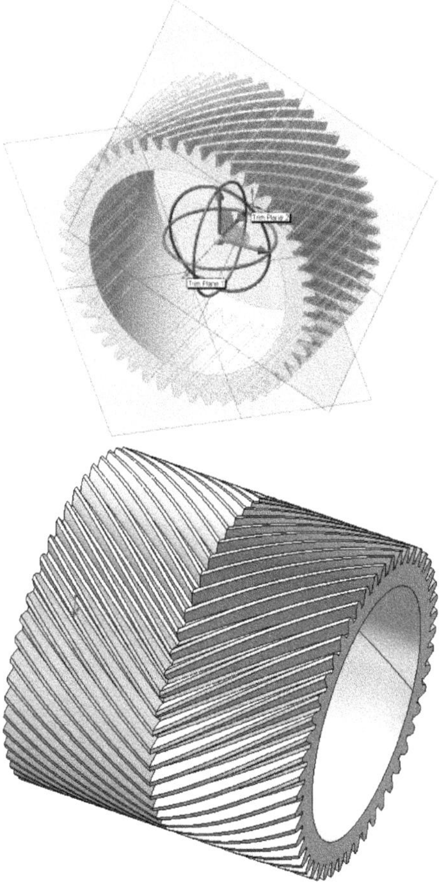

Fig.1.11 – Posibilă variantă pentru rotă dinţată cilindrică

Cap.II - Realizarea unui şurub pentru cric

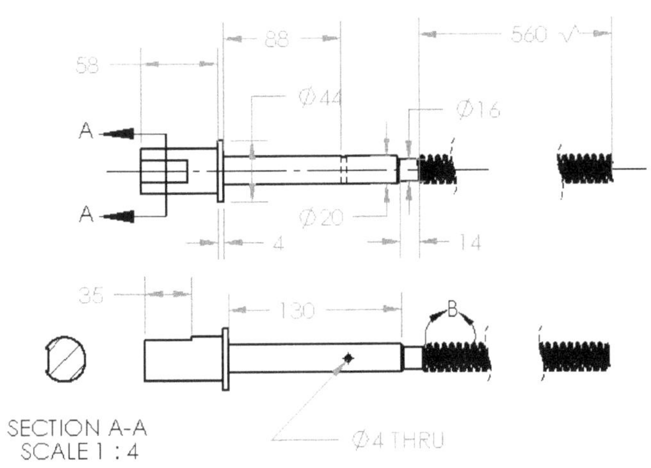

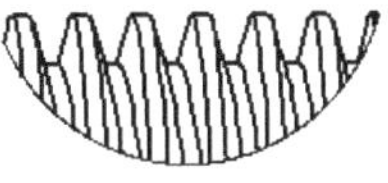

DETAIL B
SCALE 1 : 1

Cap.II - Realizarea unui şurub pentru cric

Această componentă mecanică nu comportă un grad mare de dificultate în modelarea tridimensională; cu toate acestea, filetul trebuie realizat în conformitate cu specificaţiile proiectantului ceea ce implică o corelare a anumitor parametri ai elicei (curba directoare) cu schiţa profilului tăietor.

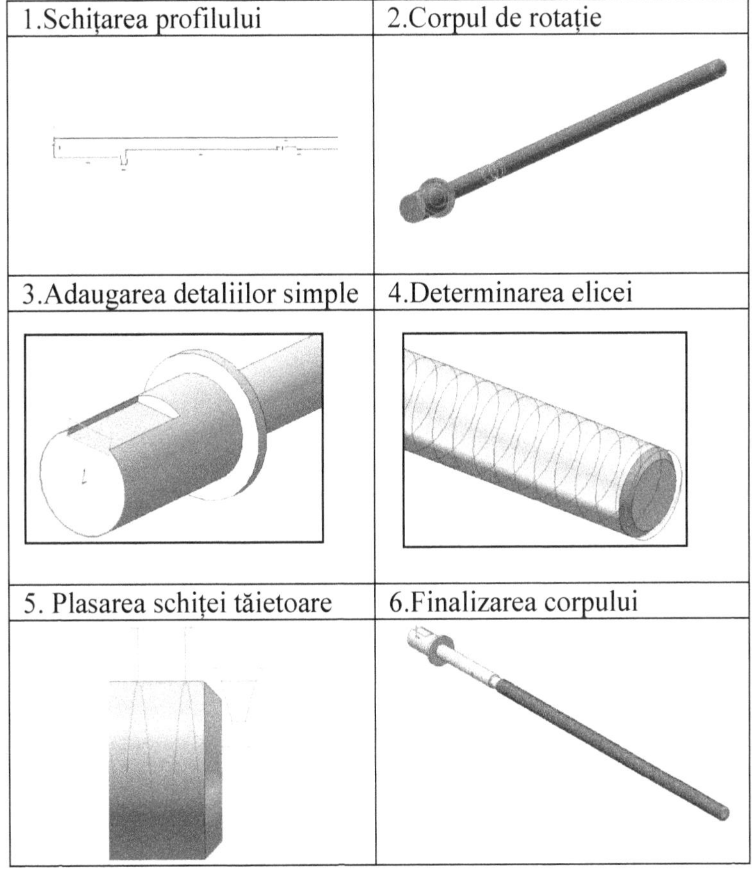

1.Formarea corpului de rotație

Prima operațiune în vederea realizării șurubului de cric se bazează pe observația că, din punct de vedere volumetric, acesta este – în mare – un corp de rotație.

Așadar, utilizând operațiunea **revolve,** aplicată unei schițe a profilului (Fig.2.1) de rotație al șurubului, se obține corpul aproximativ al șurubului, ilustrat în Fig.2.2.

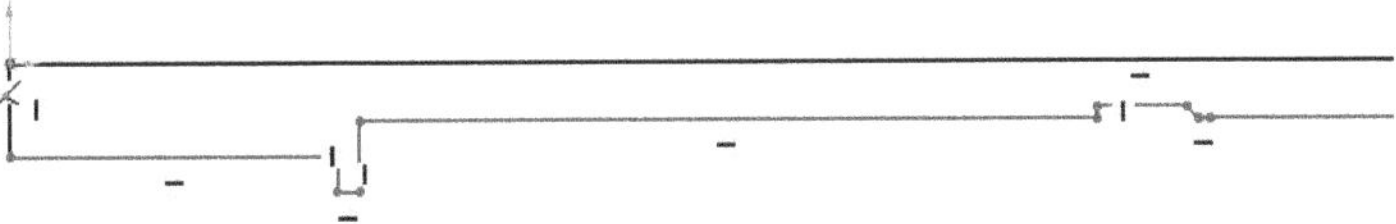

Fig.2. 1 – Fragment din schița profilului șurubului de cric

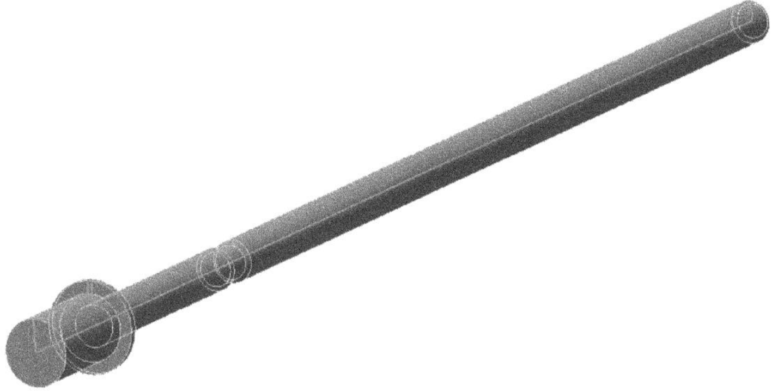

Fig.2. 2 – Corpul de rotație rezultat

Axa de rotație aleasă pentru obținerea corpului este chiar latura lungă a schiței. Pentru grăbirea modelării, șanfrenările muchiilor pot fi direct incluse în schiță. Însă aceasta nu este o practică recomandabilă în fazele de concepție, în care forma nu este încă finalizată.

2.Tăierea canalului de pană

Canalul de pană poate fi obținut prin operațiunea **Extruded Cut** (***blind*** pe distanță stabilită de proiectant), având ca schiță un dreptunghi. Planul în care se va desena schița este dat de suprafața plană din extremitatea şurubului (marcata cu roşu). Pentru orificiul din Fig.2.3b, schița poate fi realizată direct într-un plan de referință iar pentru opțiunea **Extruded Cut** - se va selecta şi direcția secundară de tăiere **direction 2**, cu opțiunea ***through all***.

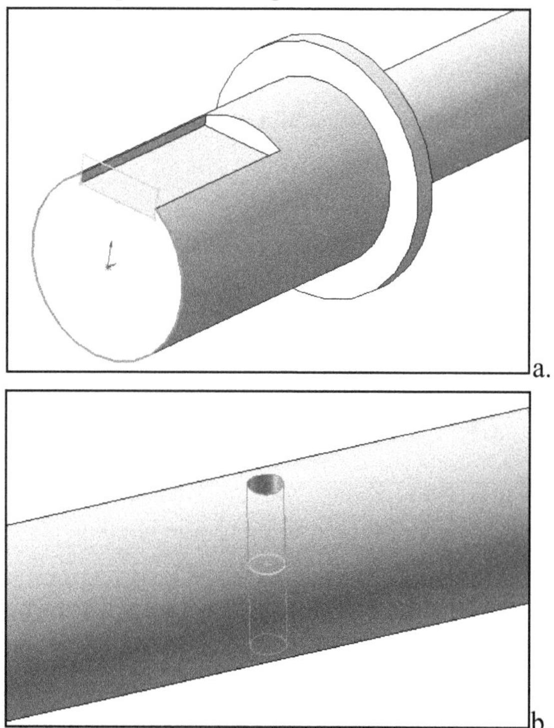

Fig.2.3 – a. Canalul de pană b. Tăierea orificiului (folosind **Cut Extrude**)

3. Şanfrenarea sau racordarea suprafeţelor

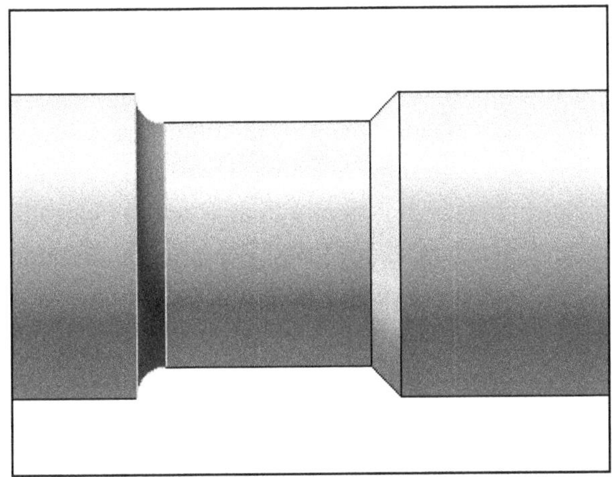

Fig.2.4 – Racordarea (**fillet**) suprafeţei plan-cilindrice

În cazul în care se doreşte varierea parametrilor şanfrenului sau razei de racordare, este recomandat ca aceste operaţiuni să fie realizate separat prin opţiunile **fillet** (racordare) sau **chanfer** (şanfrenare). Pentru situaţiile în care anumite particularităţi se repetă sau se consideră a fi egale ca parametri, este mai simplă aplicarea dintr-o singură operaţiune a racordării sau şanfrenului prin selectarea multiplă a muchiilor dorite.

4. Tăierea filetului

După cum poate să reiasă şi din modelarea geometrică de până acum, filetul va fi generat prin tăierea unui canal în formă spiralată cu secţiunea impusă (profilul filetului).

Pentru aceasta sunt necesare

1. Generarea spiralei directoare
2. Desenarea schiţei profilului filetului

Spirala poate fi generată dintr-o schiţa plană circulară. Pentru a realiza schiţa se pot folosi operaţiunile următoare

- Se selectează planul capătului şurubului şi se iniţiază meniul de schiţare plană

- Folosind centrul planului şi periferia şurubului propriu-zis (făcând uz de funcţia ***snap***) generăm cercul de bază (marcat cu roşu)

În meniul **Insert - Curve** selectăm **Helix/Spiral** apoi, definim spirala prin ***Height and Pitch*** (înălţime totală şi pas), care ne sunt impuse de proiectant. Se remarcă opţiunea de a realiza filetul atât pentru sens trigonometric cât şi pentru sensul acelor de ceasornic.

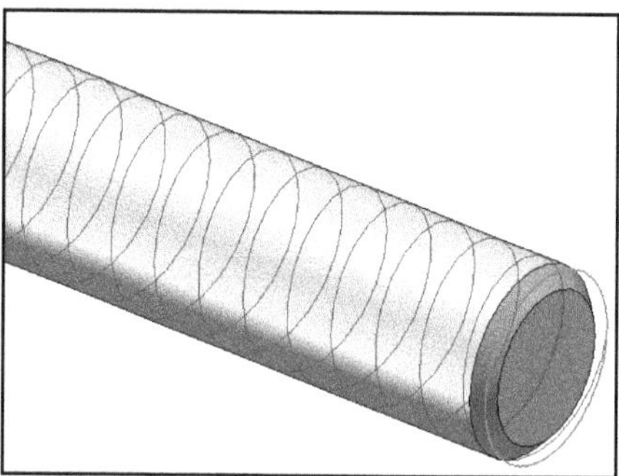

Fig.2.5– Spirala directoare şi cercul care a generat-o

Realizarea schiţei profilului filetului este mai simplă, de remarcat este că nu este important planul în care este desenată (pentru simplitate se va folosi unul din planele de referinţă), atâta timp cât muchia superioară a profilului este cel puţin la nivelul periferiei cilindrului în care se taie filetul. O altă restricţie este acea că pasul spiralei trebuie să fie egal cu suma bazelor trapezului care reprezintă profilul filetului. Aşadar, punctul V trebuie aliniat cu extremele cilindrului, după cum se observă în figura de mai jos.

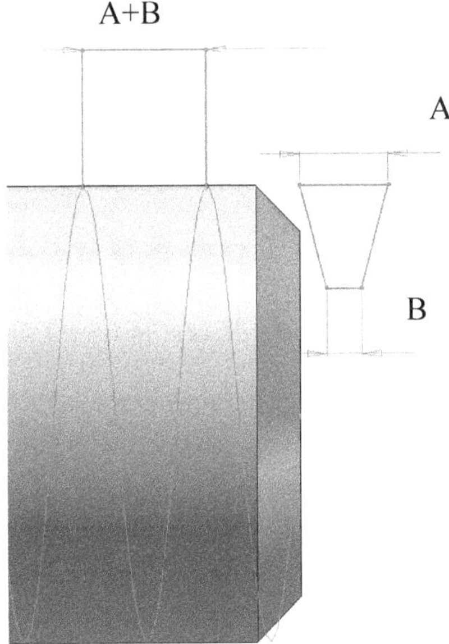

Fig.2.6 – Schiţa profilului filetului

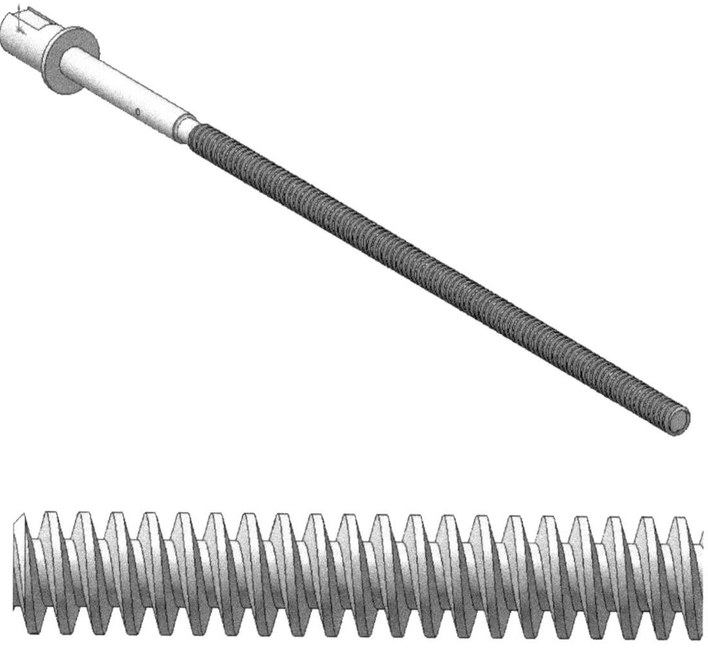

Fig.2.7 – Şurubul de cric în forma finală

5. Cotele dimensiunilor şurubului pentru cric

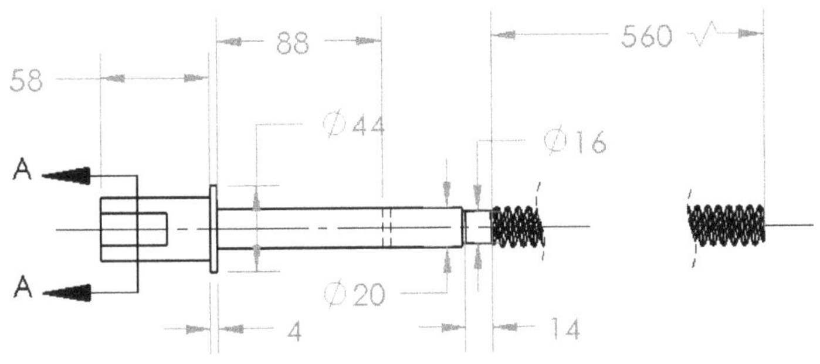

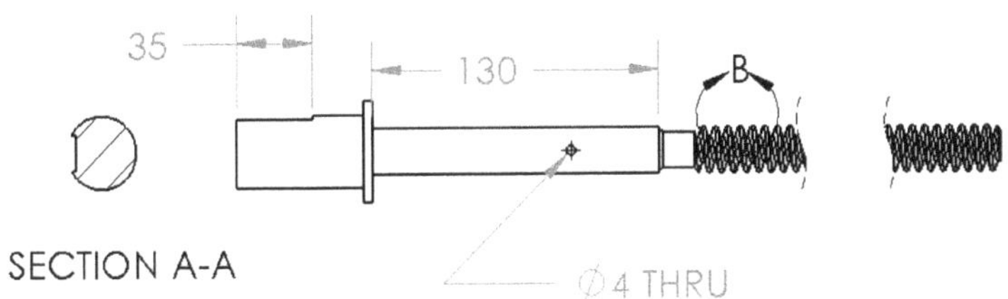

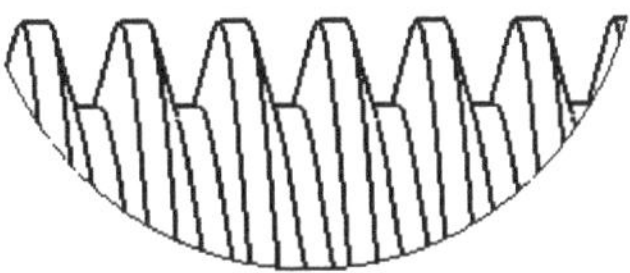

DETAIL B

Fig.2.8 – Cotele şurubului

Piulița șurubului

Piulița șurubului se poate obține relativ simplu luând ca model șurubul propriu-zis. Așadar, deschidem un nou fișier *.sldpart în care trasăm forma generică a piuliței.

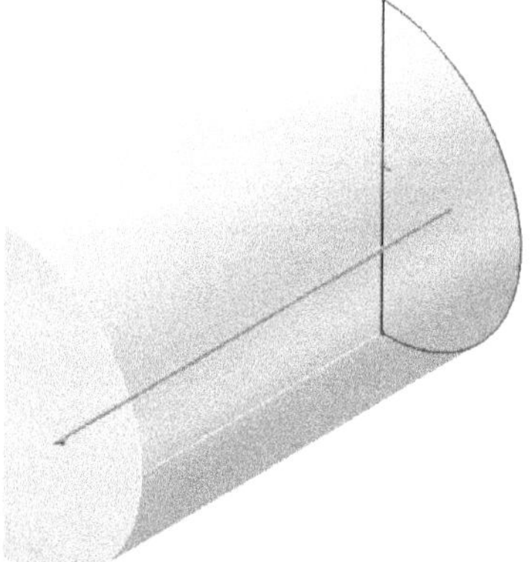

Fig.2.9 – Începutul modelului piuliței

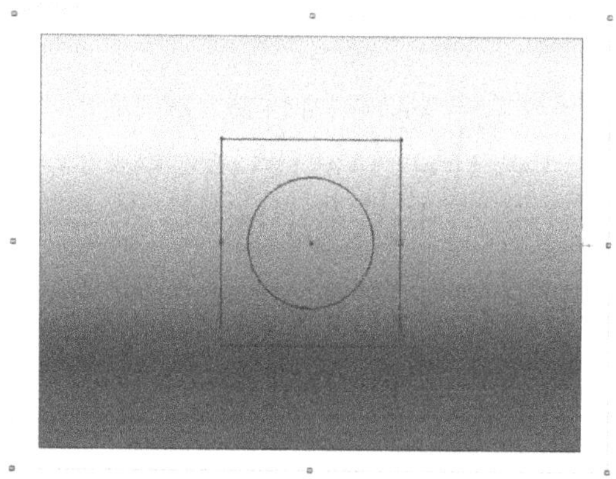

Fig.2.10 – Schițarea bosajului lateral

Fig.2.11 – Extrudarea schiței

Dacă racordarea colțurilor pătratului nu a fost făcută în schiță (**sketch fillet**), aceasta poate fi realizată prin funcția **Features – Fillet**.

Fig.2.12 – Realizarea zonelor de racordare

Ultimele detalii, cum ar fi tăierea lamajului şi şanfrenarea lăcaşului articulaţiei se pot face folosind **Extruded Cut** şi, respectiv, **Chamfer**. Figura de mai jos prezintă rezultatele celor două operaţii.

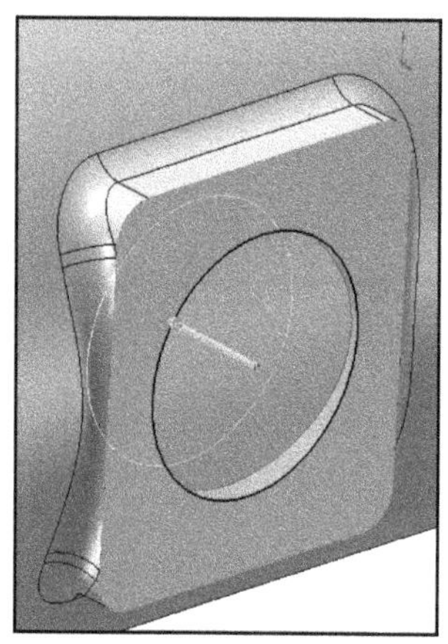

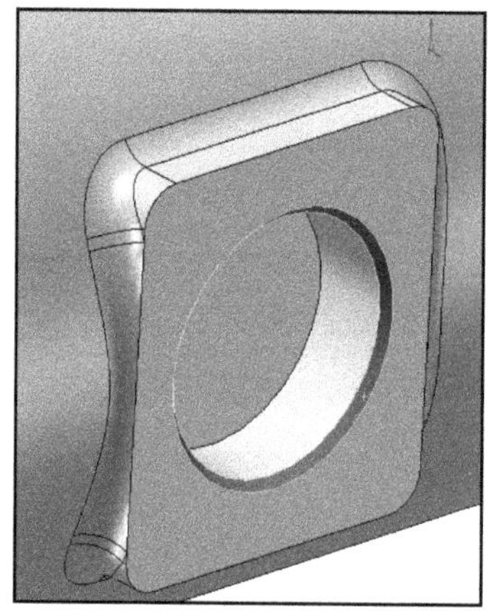

Fig.2.13 – a. Lamajul; b. Şanfrenarea muchiei rezultate

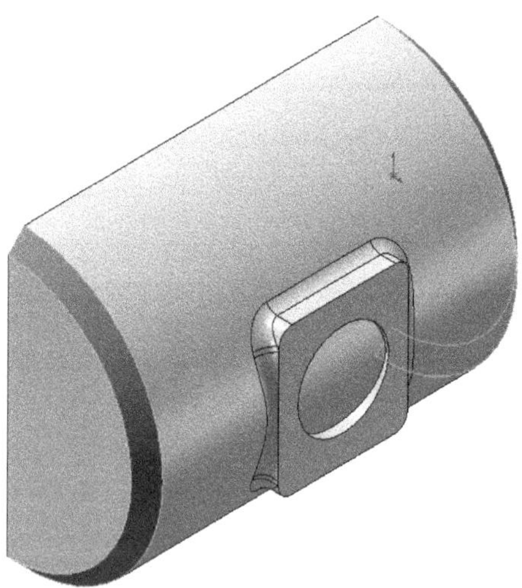

Fig.2.14 – Şanfrenarea capetelor piuliţei

Prin funcţia **Mirror** obţinem cealaltă jumătate a corpului piuliţei. Pentru acest caz se va folosi opţiunea de selectare a corpului (***bodies to mirror***) deoarece dorim ca toate trăsăturile desenate să fie oglindite.

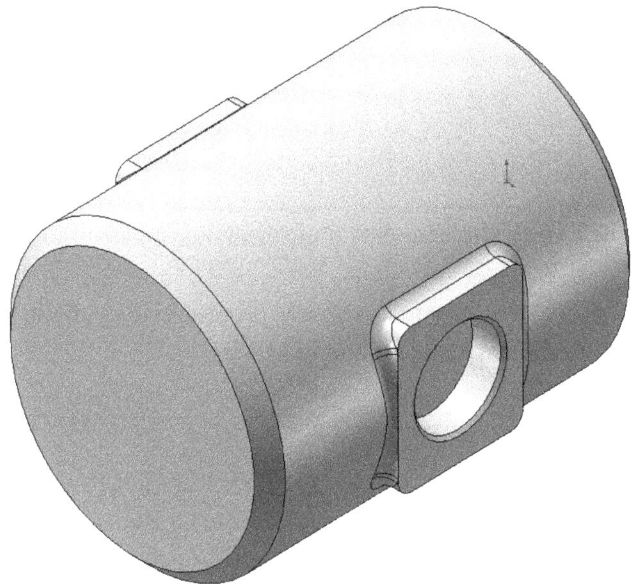

Fig.2.15 – Corpul piuliţei

Deoarece ne interesează ca filetul interior al piuliţei să se potrivească celui exterior al şurubului, vom folosi funcţia **Indent (Insert – Features – Indent)** pentru a tăia în corpul piuliţei un filet cu partea filetată a şurubului din part-ul anterior. Pentru a realiza acest lucru, part-ul şurubului trebuie inserat în part-ul piuliţei (**Insert – Part**). După introducere folosim uneltele de aliniere (**Mate**) pentru a potrivi modelele.

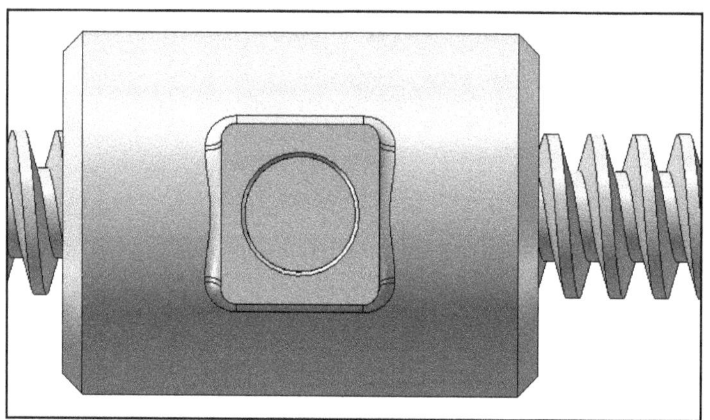

Fig.2.16 – Alinierea part-ului şurubului în part-ul piuliţei

Trecem apoi la tăierea propriu-zisă a filetului în corpul piuliţei apelând comanda **Indent**.

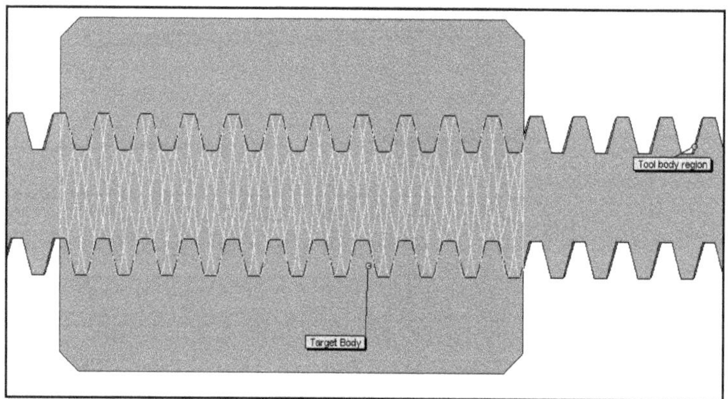

Fig.2.17 – Vedere în secţiune cu operaţia **Indent**

Corpul *"ţintă"* este reprezentat de piuliţa iar corpul *"unealtă"* este reprezentat de şurubul inserat; bifăm ***cut*** şi lăsăm toleranţa la 0,00 (valoarea implicită).

După ştergerea (**Insert – Features – Delete body**) part-ului folosit la operaţiunea de **Indent** obţinem piesa finală, redată în vedere secţionată în figura de mai jos.

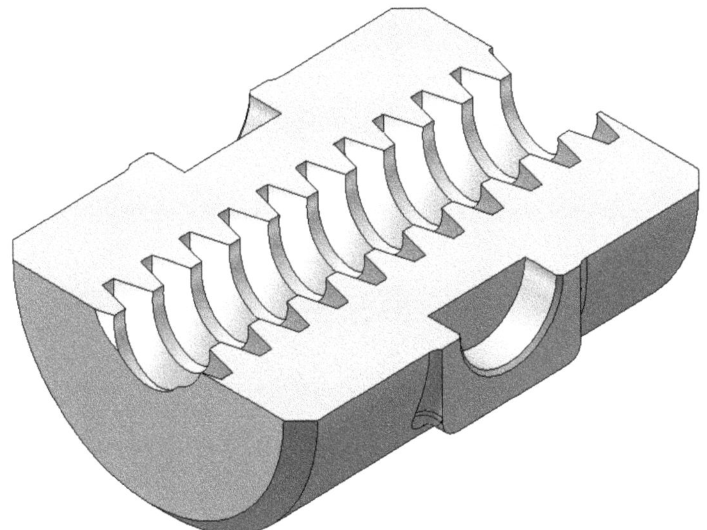

Fig.2.18 - Piesa finală în vedere secţionată

Cap.III - Proiectarea unei transmisii cu lanț

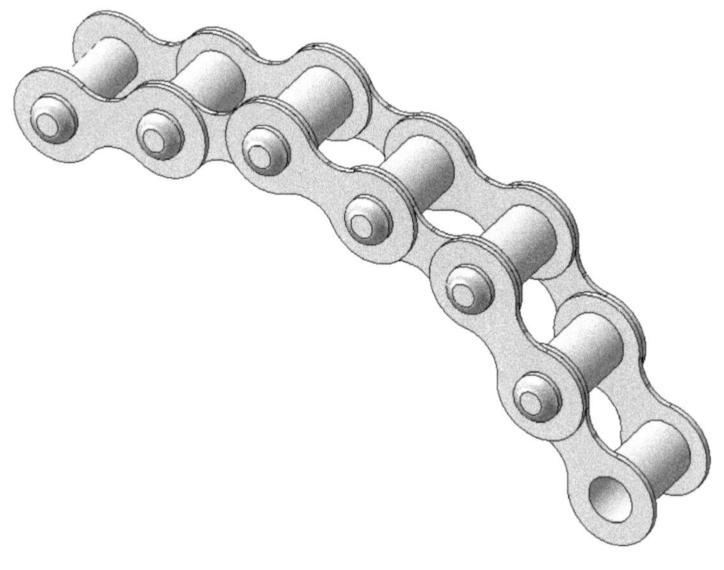

Cap.III - Proiectarea unei transmisii cu lanț

În ingineria mecanică există necesitatea utilizării unor transmisii flexibile, fie prin curele simple sau dințate fie prin lanțuri. **Solidworks** permite proiectarea acestor transmisii prin funcția **Belt/Chain**, disponibilă atât în proiectarea componentelor (*part design*) cât și în proiectarea ansamblelor (*assembley design*). Aceasta funcție ține cont de relațiile dintre geometria fiecărei componente, ceea ce implică o formă destul de avansată de calcul geometric – după cum se poate constata, prin metode uzuale, nu se poate construi un ansamblu similar celui din Fig.3.1 în care singura variabilă să fie înălțimea rotii de reglaj (cea din mijloc). Desigur, există o variantă ne-ortodoxă (ce folosește tabele de proiectare) care poate fi aplicată pentru a forța o schiță de acest tip însă ea trebuie privită ca un ultim resort pentru cazuri în care nu există o abordare "clasică".

Așadar, dorim realizarea unui ansamblu cu configurația celui de mai jos în care toate cotele sunt considerate fixe (utilizăm opțiunea ***fix***) exceptând poziția verticală a roții de reglaj.

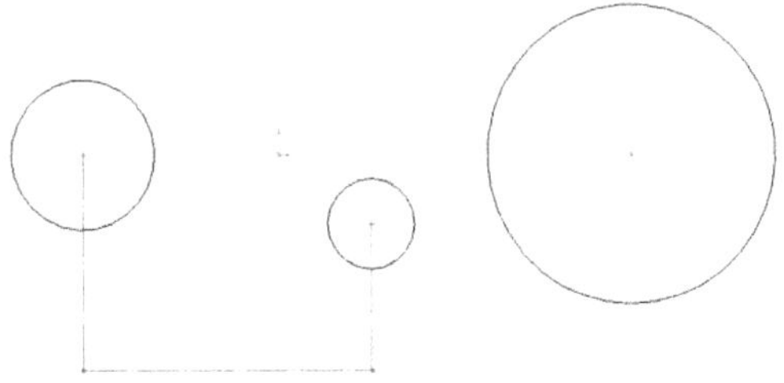

Fig.3.1 – Geometria de start pentru transmisie

Dat fiind că lungimea anumitor transmisii flexibile (cum este cazul lanţurilor sau curelelor dinţate) nu pot fi oarecare, ele depinzând de lungimea elementului (za sau dinte), trebuie impusă şi restricţia ca lungimea totală a curelei sau lanţului să aibă o valoare anume (impusă).

Procedura standard implică introducerea fiecărui element (roata) într-un bloc (**Tools – Block – Make**) iar apoi introducerea unui lanţ (**Tools – Sketch Entities – Chain/Belt**). În meniul de definire a lanţului/curelei se pot stabili ordinea contactului dintre roţi (tratate de acum ca blocuri), modul în care se face contactul (sensul acestuia) dar şi – foarte important – lungimea totală a lanţului (bifând opţiunea ***driving***).

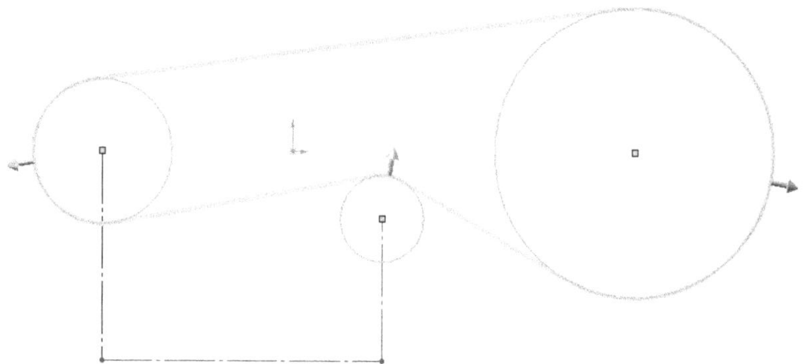

Fig.3.2 – Selectarea modului în care transmisia flexibilă leagă cele trei componente ale ansamblului

Desigur că, dacă fixăm toate cotele desenului inițial, acest lucru nu mai poate fi realizat, obținând erori. În cazul de față, reglajul se face mutând pe verticală centrul cercului de ghidaj. Figura 3.3 prezintă un lanț cu o lungime fixată de 500 mm precum şi o altă versiune cu lungimea de 515 mm.

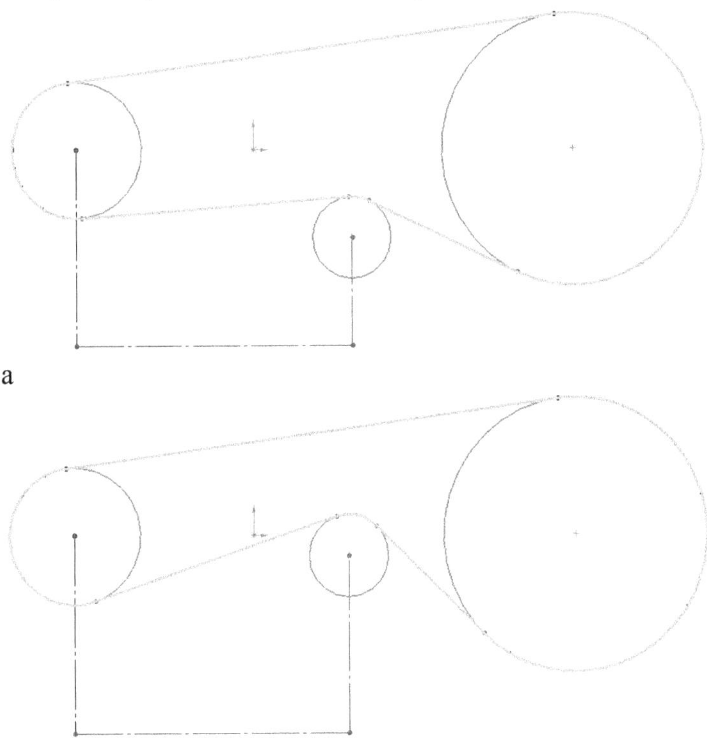

Fig.3.3 – Schița modificată prin impunerea unor lungimi totale diferite pentru transmisia flexibilă.

Una dintre utilitățile imediate ale acestui desen este determinarea cu precizie a poziției în care trebuie amplasată roata de reglaj.

La începutul acestui capitol am menționat o a doua posibilitate pentru desenarea unei transmisii cu lanț/curea de lungime impusă prin folosirea tabelelor de proiectare. Această variantă, mai ancombrantă decât prima, trebuie însă păstrată ca ultim resort în cazurile în care geometria ansamblului nu permite utilizarea modulului din *SolidWorks*.

Problema de geometrie plană se reduce la determinarea unghiului α care descrie punctul de tangență al roții la curea/lanț. Figura 3.4 prezintă triunghiurile asemenea formate între cele trei cercuri care reprezintă roțile ansamblului.

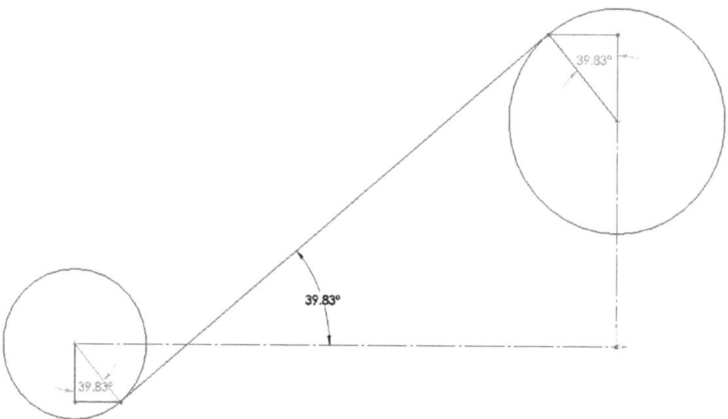

Fig.3.4 – Detaliu cu triunghiurile asemenea formate în partea stângă a ansamblului

În vederea simplificării demonstrației ne vom concentra doar asupra primei perechi de triunghiuri asemenea. Deoarece din ipotezele problemei cunoaştem cele două raze, *R1* şi *R2*, precum şi distanța dintre centre, *d*, prin impunerea unei relații între lungimea *L* şi lungimea arcelor *C1* şi *C2*, se ajunge la o problema complet definită. Intuitiv, această problemă are o soluție unică (mai ales dacă impunem ca arcul *C2* să aparțină cadranului întâi). Figura 3.5 prezintă semnificația geometrică a notațiilor folosite.

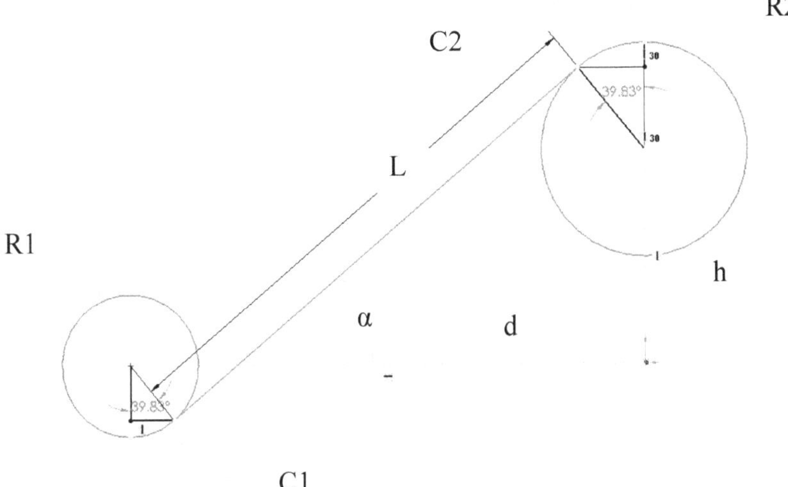

Fig.3.5 – Semnificația geometrică a notațiilor folosite

Rezolvarea începe prin scrierea relațiilor dintre *C1*, *C2, L, d, h* şi lungimea totala impusa *X*.

$$X=C1+C2+L \qquad (3.1.)$$

$$X = \pi \frac{\alpha}{180}(R1+R2)+L \qquad (3.2.)$$

de unde deducem expresia pentru *L*

$$L = X - \pi \frac{\alpha}{180}(R1+R2) \qquad (3.3.)$$

De asemenea cunoaştem că

$$L = \frac{d}{\cos(\alpha} \qquad (3.4.)$$

Egalând cele două expresii, după rearanjarea termenilor obţinem

$$\pi \frac{\alpha}{180}(R1 + R2) + \frac{d}{\cos(\alpha} - X =) \qquad (3.5.)$$

Se remarcă imediat că ecuaţia este una de tip transcendental şi deci nu poate fi soluţionata algebric – în pofida faptului că admite soluţie unică. De regulă putem aplica cu succes un calcul iterativ pentru obţinerea unei soluţii numerice (e.g. Newton - Raphson).

Folosind un tabel de proiectare (**design table**) putem însă desena (fără a putea impune toate restricţiile deoarece am obţine un conflict de supra-cotare), cu precizie controlabilă, ansamblul dorit.

Este utilă editarea tabelului de proiectare într-o fereastră separată – care va deschide programul *Microsoft Excel* – deoarece trebuie activat modulul „*solver*", de calcul iterativ, al acestuia. După soluţionarea ecuaţiei cu precizia dorită (în funcţie de toleranţa cu care se lucrează schiţa), datele pentru unghiul α, precum şi pentru celelalte cote ale schiţei, sunt transpuse în desen.

Cap.IV - Volută pentru ventilator centrifugal

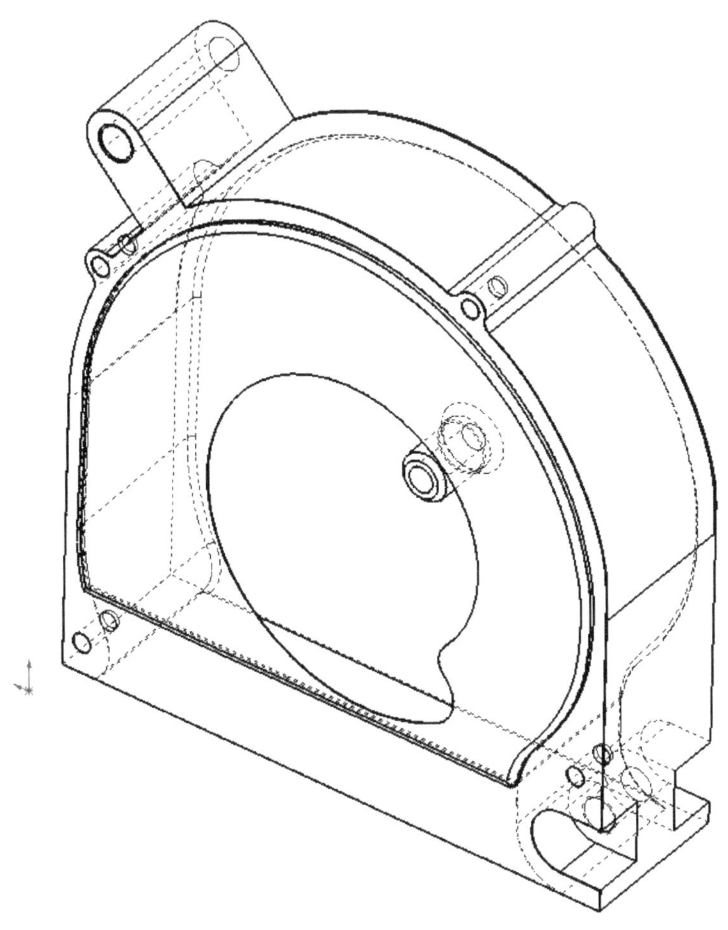

Cap.IV - Volută pentru ventilator centrifugal

Din punct de vedere teoretic, gradul de comprimare realizat de un compresor determină dacă acesta poate fi considerat ventilator (pentru grade de comprimare mai mici de 2, preferându-se termenul de ventilator). Exemplul următor se referă la voluta unui ventilator centrifugal antrenat cu un motor electric. Deoarece voluta este alcătuită din două piese, corp şi capac, capitolul este împărţit în două subcapitole care le tratează individual.

1.Schiţarea spiralei volutei	2.Finalizarea conturului
3.Obţinerea corpului volutei	4.Adăugarea axului
5.Adăugarea bosajelor şi lamajelor	6.Adăugarea găurilor filetate

1.Preluarea conturului volutei	2.Modelarea poansonului
3.Realizarea embosării	4.Corelarea găurilor
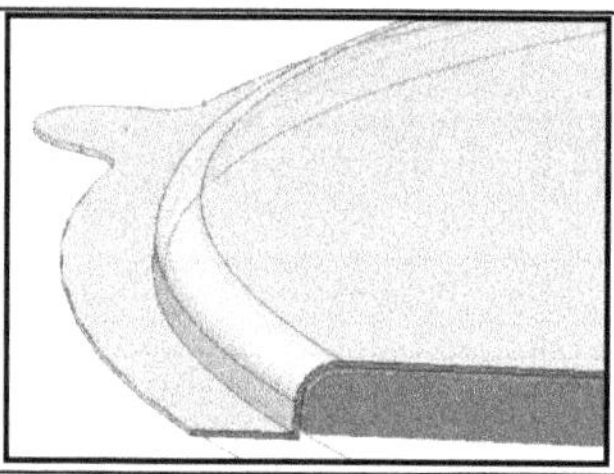	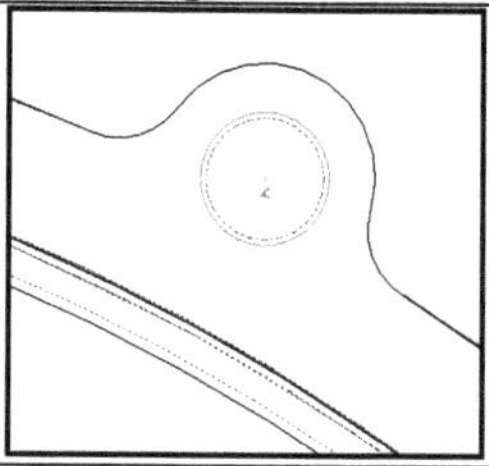
5.Schiţarea volutei de intrare	6.Finalizarea capacului
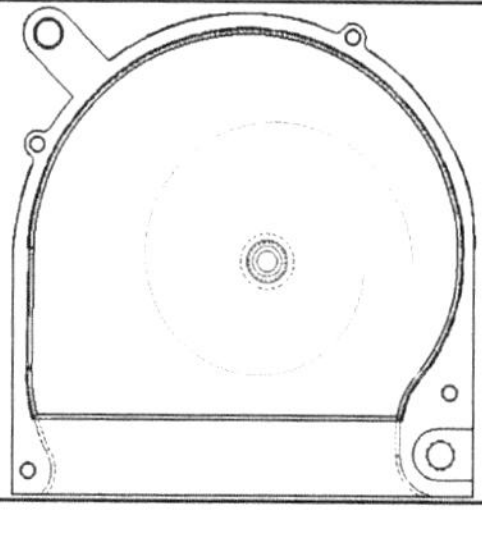	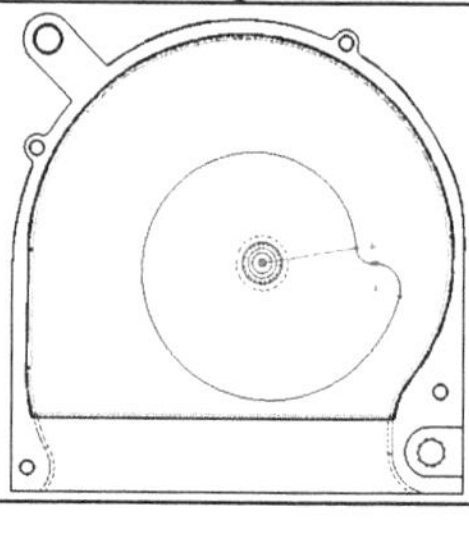

1. Modelarea suprafeţelor active ale volutei

Schiţarea începe prin desenarea unei spirale plane (**Insert – Curve – Helix/Spiral** - ***spiral***) care va acoperi doar 180°, restul fiind modelat printr-un segment de dreaptă.

Fig.4.1 – Cercul de bază şi spirala plană

După schiţarea conturului corpului volutei se poate trece la extrudarea acestuia pentru a obţine suprafeţele brute ale corpului volutei.

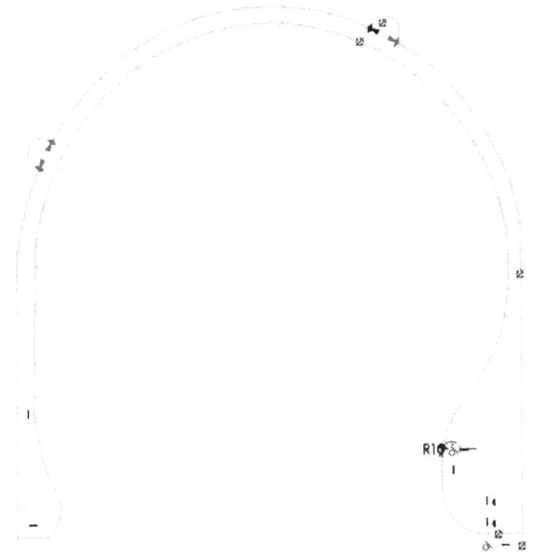

Fig.4.2 – Conturul corpului volutei

Se recomandă folosirea funcției **Fillet** din meniul **Features**, nu direct din schița plană din două motive. În primul rând, modelul trebuie să fie re-editabil în cazul în care se impun modificări iar în al doilea rând controlul unei racordări **(Fillet)** între o curbă spline și un arc de cerc este destul de dificil, putând rezulta geometri greșite.

2 Formarea bazei volutei

Prin selectarea uneia dintre fețele modelului (Fig.4.3) se poate introduce o nouă schiță plană în care, folosind comanda **Convert**, se pot transpune muchiile feței într-o nouă schiță. Aceasta nouă schiță poate fi ulterior modificată (prin ștergerea conturului corespunzător interiorului volutei și adăugarea unui segment de dreaptă pentru a închide perimetrul) și transformată în baza volutei.

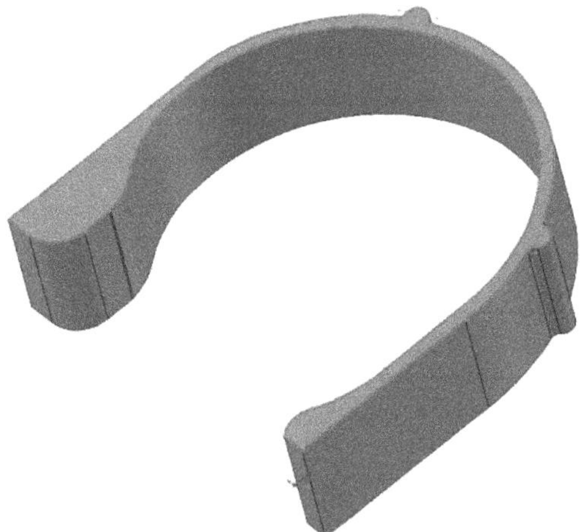

Fig.4.3 – Schița rezultată din convertirea muchiei inferioare a corpului volutei

Prin extrudarea (pe direcţia indicată) a schiţei bazei volutei se obţine corpul brut al acesteia Fig.4.4.

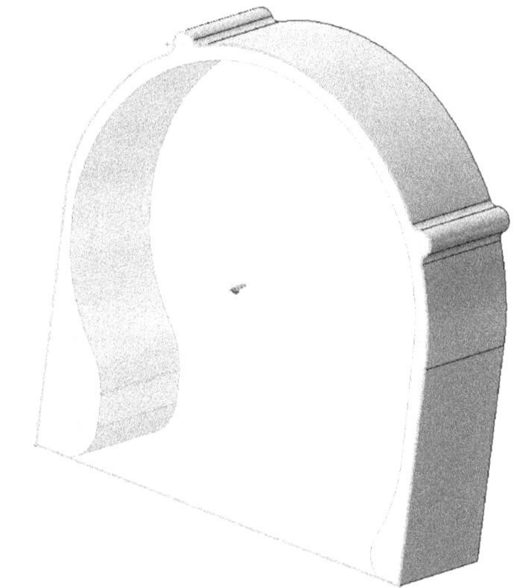

Fig.4.4 – Corpul brut al volutei

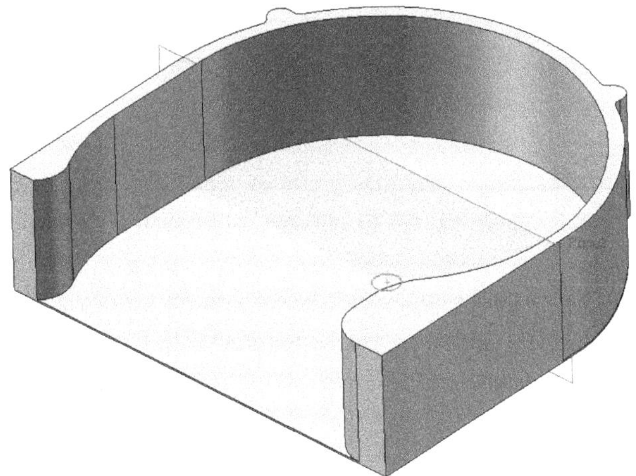

Fig.4.5 – Inserarea unui plan de referinţă pentru axa rotorului

3.Lagarul arborelui motorului

Lagărul prin care trece arborele rotorului (motorului brushless) va fi desenat în planul de referinţă din Fig.4.5. Fiind un corp de rotaţie, axul va fi realizat dintr-o schiţă plană prin comanda **Revolved Boss/Base**. Celelalte proprietăţi cum ar fi şanfrenarea (**chamfer**) sau a găurii centrale pot fi uşor adăugate ulterior.

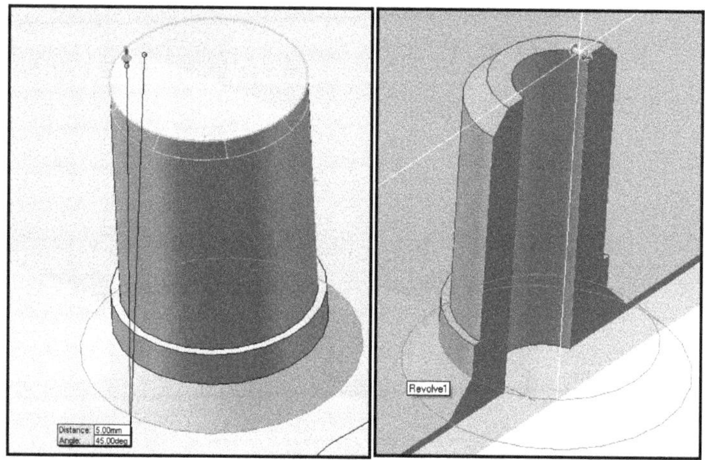

Fig.4.6 – Şanfrenarea (stânga) şi lagărul (dreapta)

Racordarea suprafeţei bazei volutei cu cea a pereţilor laterali va fi realizată prin comanda **Fillet** prin selectarea conturului comun.

4. Bosajele şi lamajele de fixare ale volutei

Fixarea volutei de restul ansamblului se face prin două şuruburi plasate în diagonală. Pentru a realiza bosajele şi lamajele celor două şuruburi este necesară introducerea unui nou plan de referinţă, de aceasta dată paralel cu planul orizontal şi plasat la mijlocul înălţimii corpului volutei (incluzând şi grosimea bazei!). Selectând apoi partea superioară a volutei putem desena atât bosajul, Fig.4.7a, cât şi lamajul (într-o altă schiţă) Fig.4. 7b.

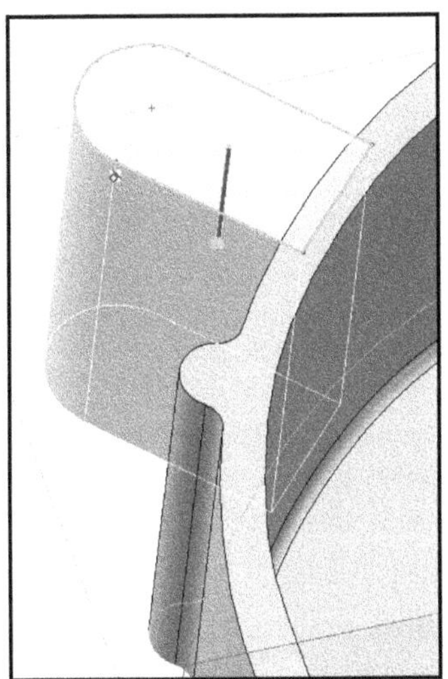

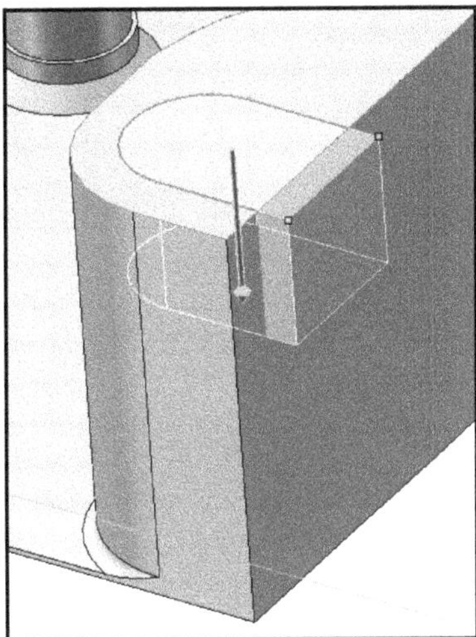

Fig.4.7 – Bosajul (stânga) şi lamajul (dreapta)

Prin comanda **Mirror** se poate oglindi lamajul având ca plan de simetrie planul de referinţă paralel cu cel orizontal.

Fig.4.8 Finalizarea lamajului pe ambele părţi ale modelului

5. Introducerea găurilor filetate

Cu toate că, pentru ilustrarea grafică, găurile filetate pot fi realizate şi prin operaţiuni mai simple (**Extruded cut**, **Revolved cut**), pentru rigurozitatea proiectării ne putem folosi de meniul **Hole Wizard** care permite realizarea profesionistă a acestora. În acest caz particular se preferă opţiunea **Tap** pentru tipul găurii şi standardul metric. Găurile pot fi centrate utilizând modul de selecţie ***snap*** pe centrul arcelor de cerc din schiţele ce definesc bosajul şi lamajele.

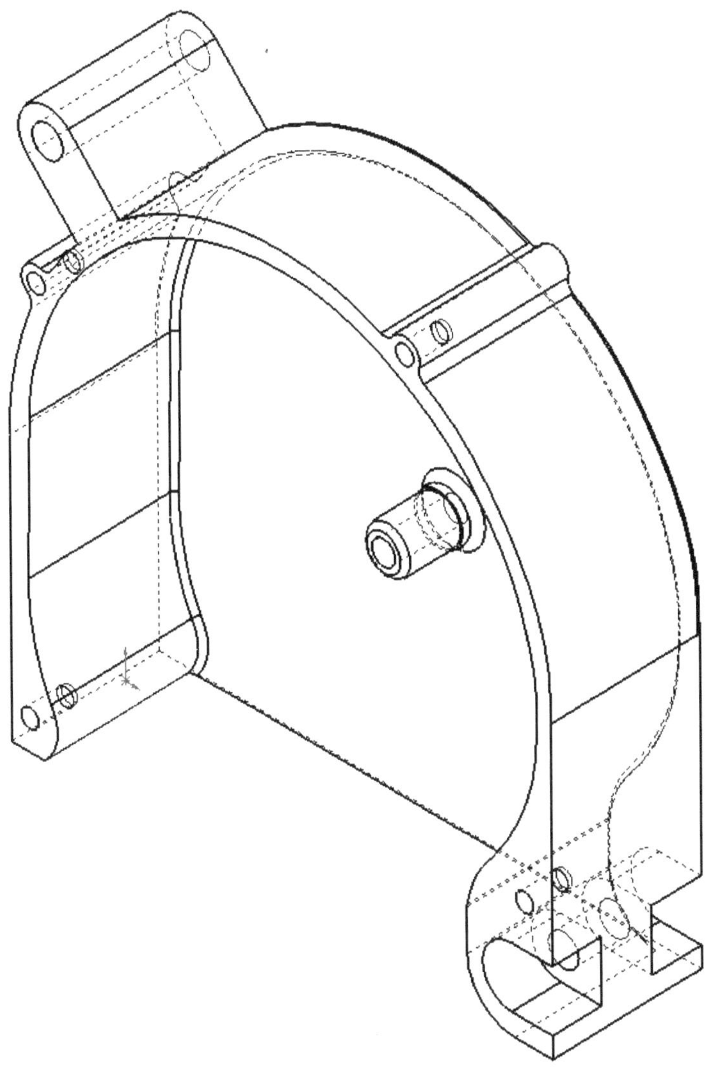

Fig.4.9 – Corpul final al volutei, în vedere în axonometrie izometrică

Capacul volutei

Deoarece voluta este compusă din două părţi, corpul principal şi capac, acesta din urma trebuie construit intr-un part separat. În plus, vom folosi modulul de **sheet metal design** pentru realizarea capacului.

6.Trasarea conturului

Folosind comanda **Convert**, se preia conturul părţii inferioare a corpului volutei şi se importa (ctrl+c & ctrl+v) într-un plan din part-ul aferent capacului volutei.

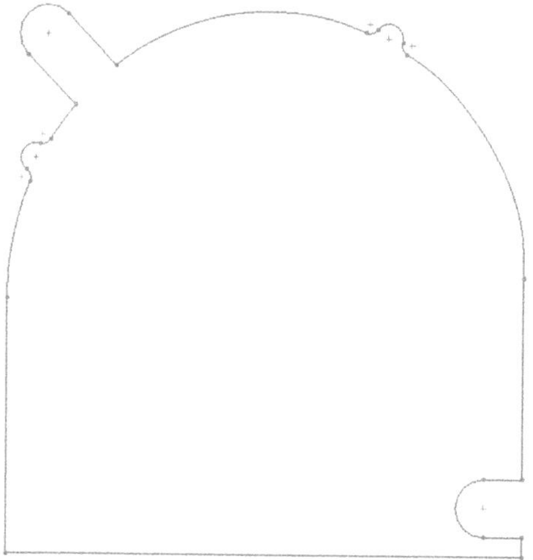

Fig.4.10 – Schiţa preluată

Prin comanda **Base Flange** aplicată asupra schiţei se obţine o tabla (cu proprietăţile setate în meniul **Base Flange**) de forma schiţei plane. Inserăm pe una dintre feţele capacului schiţa conturului superior al corpului volutei şi o aliniem cu conturul capacului (**Edit Sketch – Move**).

7. Embosarea profilului interior

Pentru a reliefa conturul părţii superioare va trebui creat un nou part care va servi drept poanson pentru funcţia **indent**.

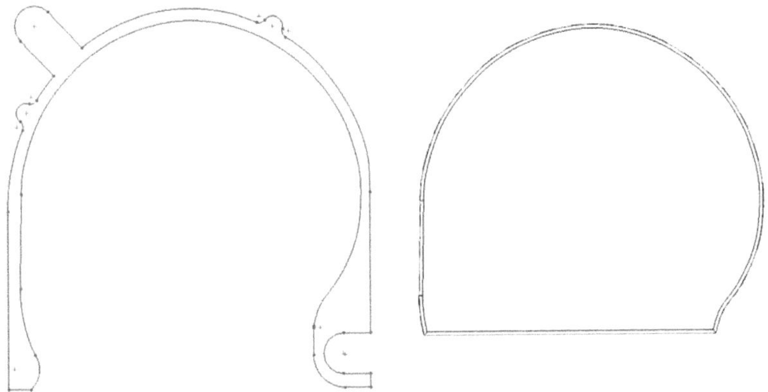

Fig.4.11 – Conturul superior al corpului volutei importat în part-ul poansonului (stânga) şi poansonul (dreapta).

Vom folosi funcţia **Indent** pentru a deforma capacul volutei. Pentru aceasta, în **part**-ul capacului inseram forma poansonului (**Insert – Part**), apoi - folosind conturul schiţei superioare - aliniem (prin comenzi **Mate**) poansonul cu schiţa conturului superior al corpului volutei. De subliniat este că schiţa conturului superior este copiată şi aliniată în part-ul capacului iar apoi copiată din nou în part-ul poansonului.

Exista posibilitatea ca, în funcţie de modul în care a fost făcută alinierea, funcţia **Indent** să nu fie utilizabilă din cauza anumitor restricţii de aliniere. În acest caz, putem dezactiva restricţiile fără a strica aliniamentul part-urilor prin extinderea din **Feature Manager** a part-ului poanson – **Body-Move/Copy** şi **Surpress** pe componentele de aliniere existente.

După operaţiunea **Indent** cele două corpuri (în vedere secţionată **Section view**) arată similar Fig.4.3.

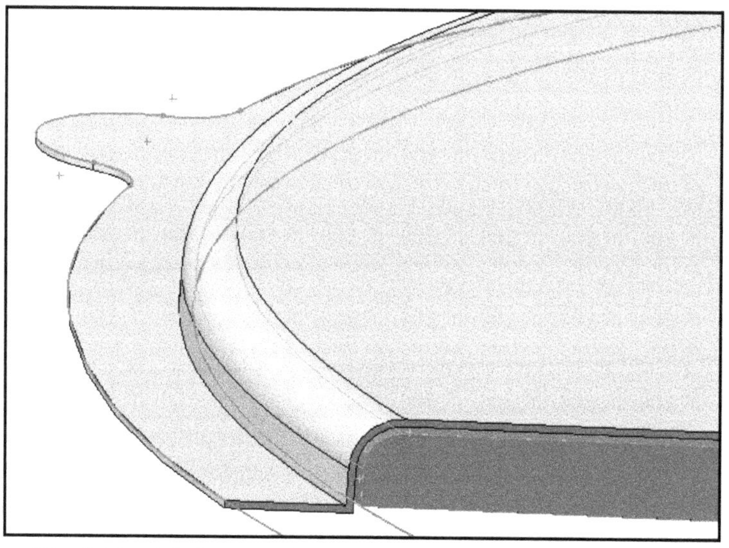

Fig.4.12 – Vedere secţionată cu capacul volutei şi corpul poansonului

Corpul folosit ca poanson pentru **Indent** va fi eliminat prin **Insert – Features – Delete body** (deoarece dacă încercăm ştergerea sa directă vom afecta şi rezultatul funcţiei **Indent**).

O soluţie alternativă, probabil mai elegantă din punct de vedere ingineresc, este folosirea uneltelor din **Design Library**. Astfel, putem insera o formă similară celei dorite prin **Design Library – Forming Tools – Embosses – Circular Emboss**. Trebuie avută grijă la orientarea reperului. Acesta poate fi în continuare editat pentru a schimba forma circulară a conturului cu conturul dorit prin click dreapta – **open**. Se va deschide part-ul în care este descris reperul, acesta putând fi editabil din toate punctele de vedere.

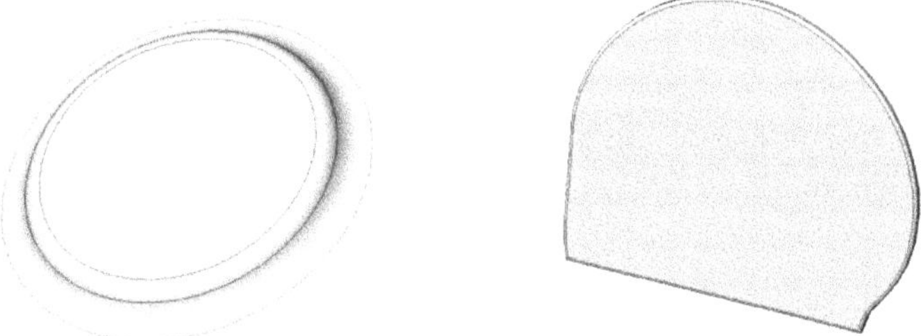

Fig.4.13 – Reperul iniţial (stânga) şi cel modificat (dreapta)

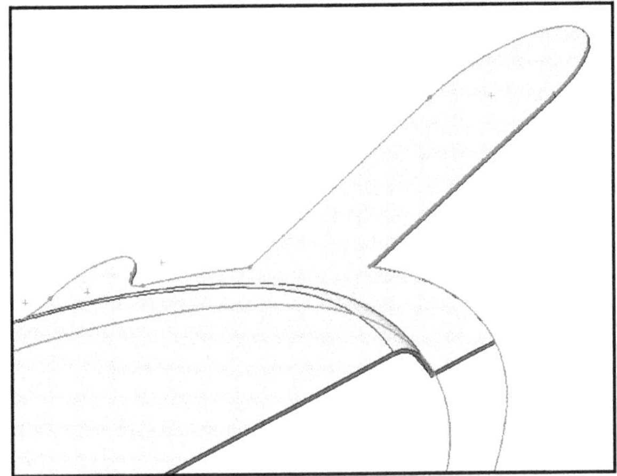

Fig.4.14– După inserarea reperului, tabla capacului capătă o formă similară celei obţinute în Fig.4.12

Avantajul major al acestui procedeu este ca permite utilizarea funcţiei **flatten** care creează desfăşurata şi liniile de pliere pentru tabla respectivă.

O altă variaţiune pe această temă este formarea unui poanson din part-ul folosit anterior (**Insert – Sheet metal – Forming tool)**. În varianta aceasta nu vom modifica o formă pre-existenta ci ne vom crea una proprie dintr-un fişier part simplu.

Deschidem part-ul cu poansonul şi inserăm proprietatea de **Forming tool**. După stabilirea feţei care va intra în contact cu tabla în urma procesului de "ambutisare" obţinem un part similar celui din Fig.4.13.

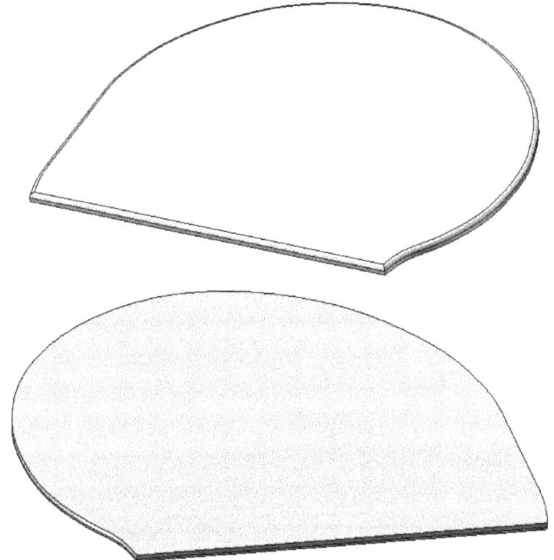

Fig.4.15 – Faţa care deformează tabla aparţinând part-ului poanson (sus) şi faţa stop care dă adâncimea indentaţiei (jos).

O opţiune suplimentară este cea de a elimina diverse feţe ale part-ului în urma procesului de „ambutisare”.

Odată finalizat procesul, pentru a putea insera mai uşor această caracteristică definită de utilizator, part-ul trebuie salvat în folderul *”[...]Solidworks\data \design library\ forming tools”* într-un folder existent sau (după caz) într-unul pe care utilizatorul în creează.

Pentru a insera obiectul deschidem meniul **Design Library** şi selectăm obiectul cu numele cu care acesta a fost salvat.

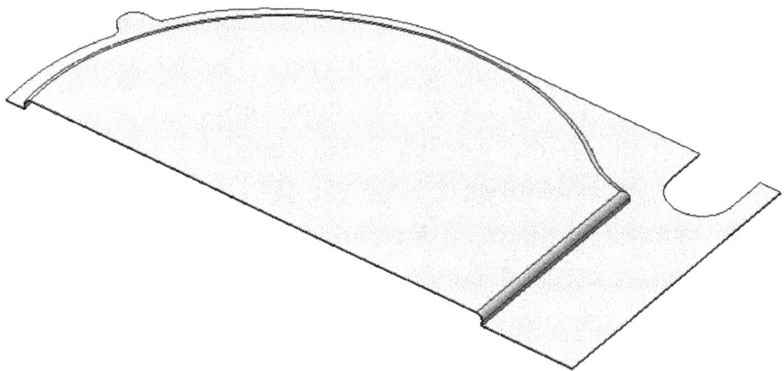

Fig.4.16 - Vedere secţionată a rezultatului operaţiunii

8. Admisia în volută

Fiind o maşină rotativă centrifugală, admisia aerului se realizează în zona centrală, prin capacul volutei – în particular pentru acest caz. Brevetul *US6884033B2* descrie o volută a cărei capac are admisia în forma de spirală (care urmăreşte conturul volutei de evacuare). Aceasta variantă constructivă va fi realizată în continuare.

Pentru a realiza ultimele finisaje ale capacului este necesară preluarea reperelor găurilor prestate în corpul volutei. Vom insera, aşadar, part-ul corespunzător corpului volutei în part-ul capacului (**Insert - Part**)si vom folosi funcţiile **Mate** pentru a alinia cele două piese.

O observaţie este că, tabla capacului fiind subţire, acesta nu necesită filet. Aşadar găurile vor fi realizate fără **Hole Wizard** ci direct cu **Extruded Cut**. Este important să avem grijă ca filetul şurubului să încapă prin găurile din capac, deci diametrul acestora va fi egal cu cel al filetului Fig.4.17, se poate folosi funcţia **snap**.

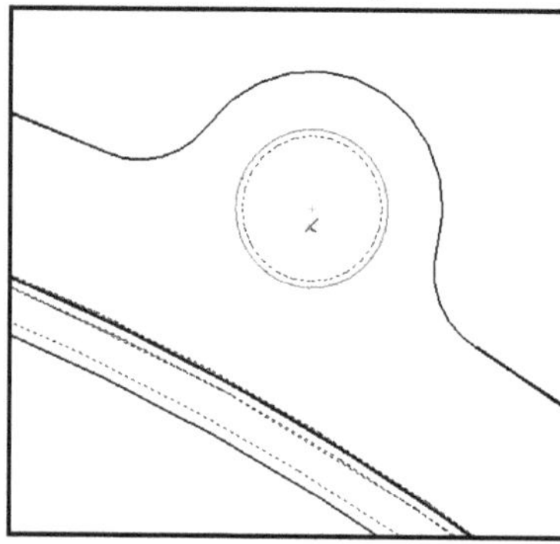

Fig.4.17 – Dimensionarea unei găuri din capacul volutei

Admisia va fi realizată dintr-o spirală (**Insert – Curve – Helix/Spiral**) plană (derivata dintr-un cerc concentric cu axa rotorului). Respectiva spirala va trebui convertită într-o schiţă plană pentru a putea fi editată în continuare într-o curbă închisă.

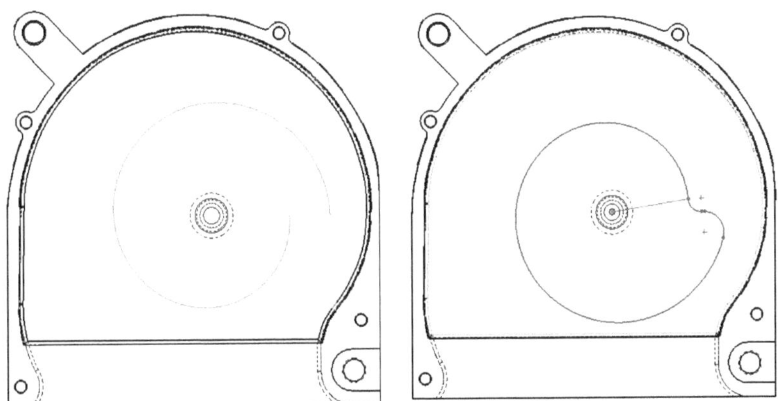

Fig.4.18 – Spirala iniţială (stânga) şi conturul secţiunii de intrare (dreapta)

În cazul de faţă orientarea conturul secţiunii de intrare nu este aliniat corespunzător cu conturul interior al volutei, necesitând ajustări. Pentru a păstra reperul (centrul) secţiunii este de preferat ca înainte de a începe procedurile de rotire/mutare/oglindire să fie desenată o linie ajutătoare care să marcheze centrul axului rotorului (linia va fi ştearsă odată ce alinierea va fi finalizata). Este de menţionat că centrul de rotaţie pentru orice operaţiune **Sketch Rotate** trebuie să fie cel al axului rotorului.

O alternativă pentru cazul în care curba este o spirală este varierea unghiului din care aceasta începe (***start angle***).

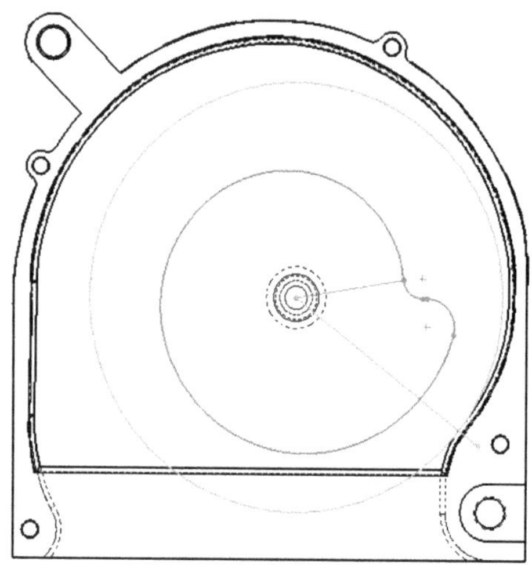

Fig.4.19 – Schiţa ajutătoare pentru aliniere (verde)

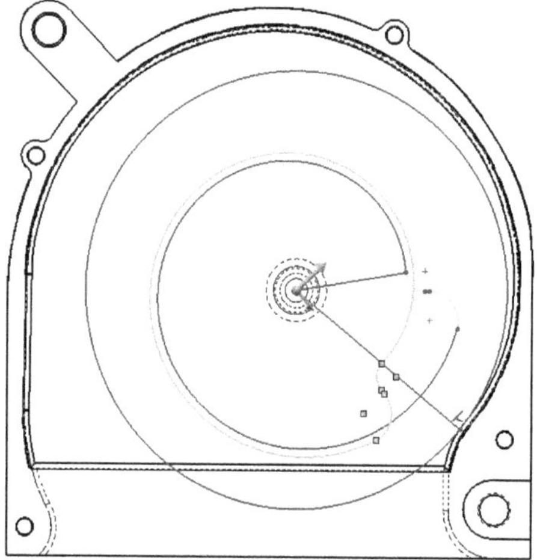

Fig.4.20 – Alinierea finală a secţiunii de intrare

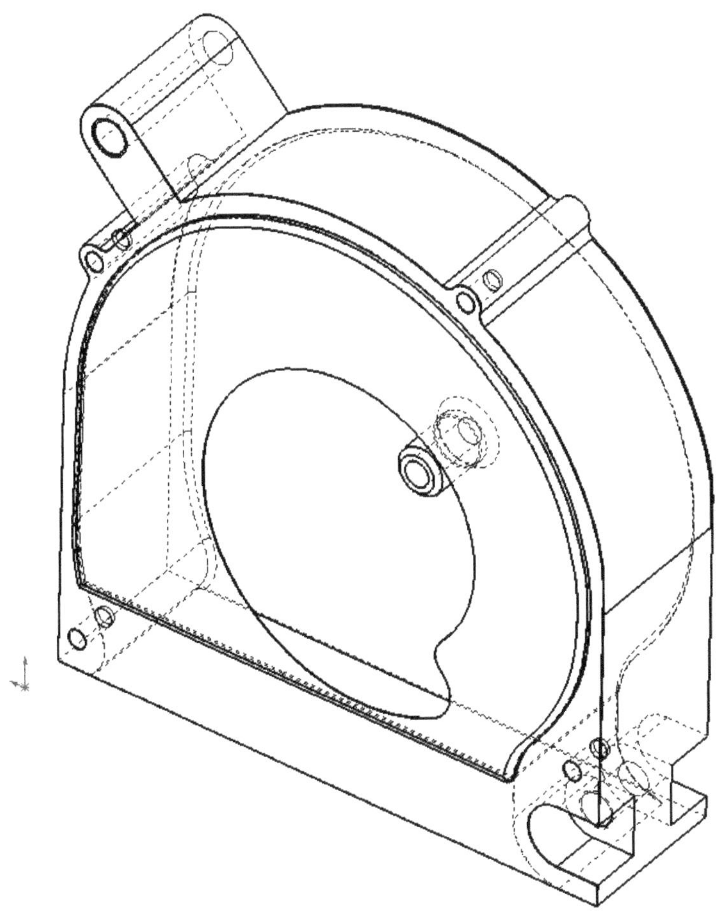

Fig.4.21 – Capacul cu admisia realizată prin comanda **Extruded Cut**.

Pasul final este eliminarea din partul capacului a corpului volutei pe care l-am folosit ca reper. Deoarece ştergerea directă ar conduce la pierderea referinţelor şi la erori în reconstrucţia modelului, vom folosi funcţia **Insert – Feature – Delete Body**.

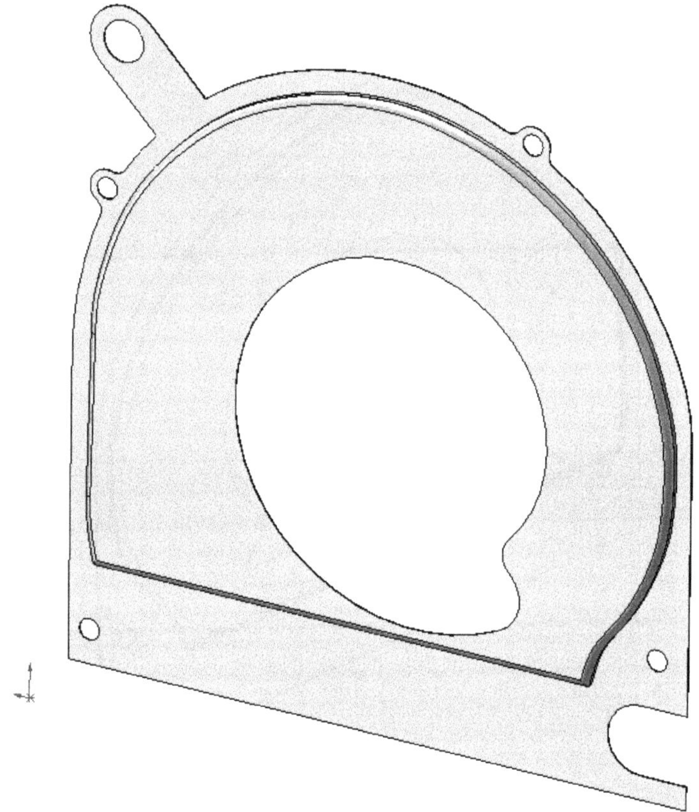

Fig.4.22 – Capacul volutei în forma sa finală

Dacă se doreşte, există posibilitatea inserării altor caracteristici cum ar fi şanfrenări sau raze de racordare pentru muchiile capacului.

Cap.V - Volută pentru compresor centrifugal

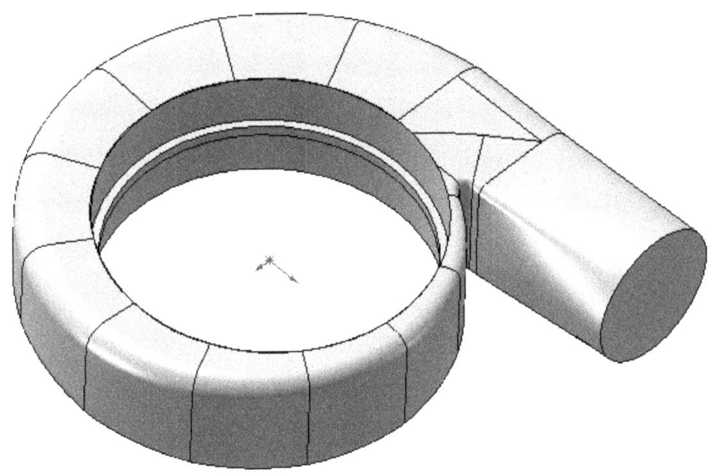

Cap.V - Volută pentru compresor centrifugal

În acest capitol va fi prezentată modelarea canalului interior al unei volute de turbomotor în vederea testării gazodinamice (CFD). Geometria precisă este cea descrisă în anexa prin secţiuni cotate. Prima parte a capitolului prezintă o metodă generală de realizare a volutei care se pretează unei palete mai largi de geometri. În cea de-a doua parte, în schimb, în urma unor observaţii asupra particularităţilor acestui caz se prezintă o variantă rapidă de desenare care însă este mai puţin versatilă.

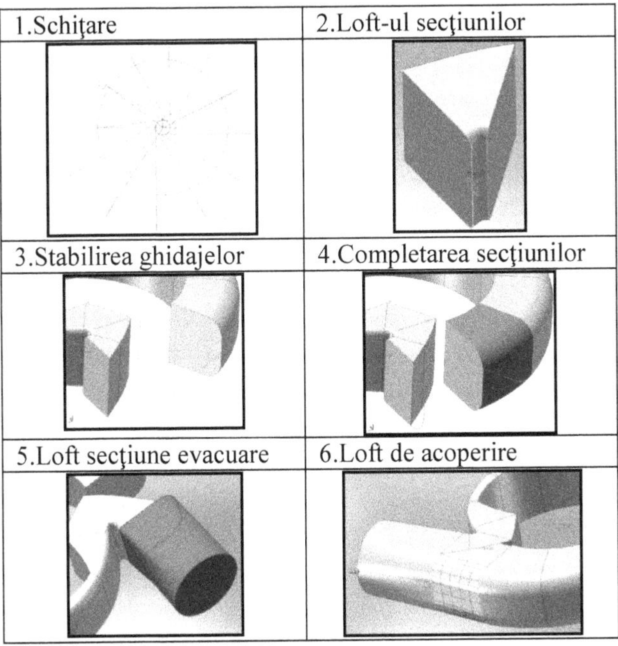

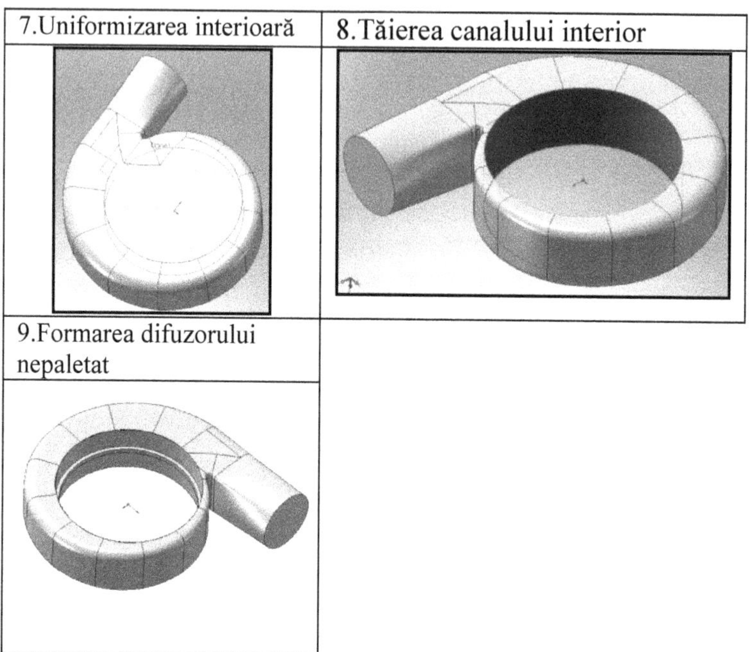

7.Uniformizarea interioară

8.Tăierea canalului interior

9.Formarea difuzorului nepaletat

1. Schiţarea reperelor geometrice de bază

În Fig.5.1 sunt prezentate suprapunerile pentru schiţa care dă centrele razelor de racordare (gri) precum şi schiţa care dă distanţele extremelor volutei pentru fiecare secţiune în parte(roşu). Razele de racordare pentru trecerea dintr-o secţiune în cealaltă sunt determinate prin unirea centrului corespunzător secţiunilor ce trebuie unite e.g. (Centrul 1 corespunde tronsonului care uneşte Secţiunea 1 cu Secţiunea 2).

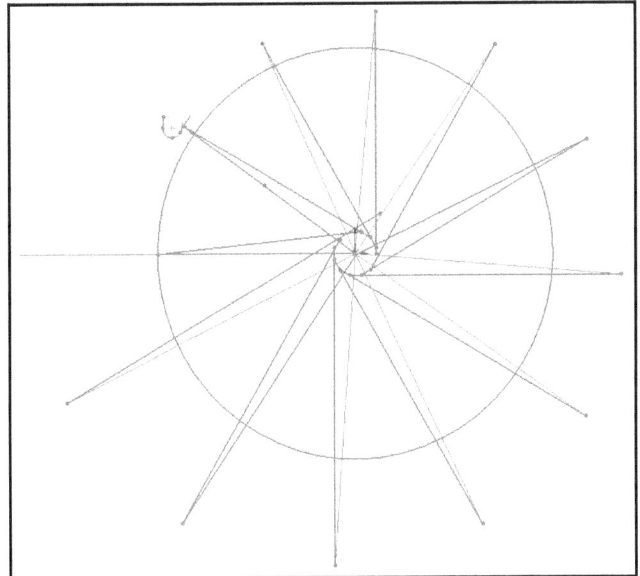

Fig.5.1 - Reperele pentru exteriorul miezului volutei

Tot în Fig.5.1 sunt reprezentate detaliile în plan pentru buza volutei (in cazul de faţă, locaţia centrului, raza şi unghiul arcului de cerc).

2. Modelarea buzei volutei

Este important – în cazul volutei de faţă – ca buza volutei să nu fie determinată în totalitate printr-o singură schiţă. Aceasta deoarece secţiunile impuse pentru fiecare zonă (marcate cu culoare roşie şi verde) au forme care pot fi diferite. Pentru că strategia de desenare implică folosirea comenzii **loft** pentru trecerea dintr-o secţiune într-alta, cele două schiţe care definesc buza volutei pot fi folosite ca ghidaje curbilinii (***guide curves***).

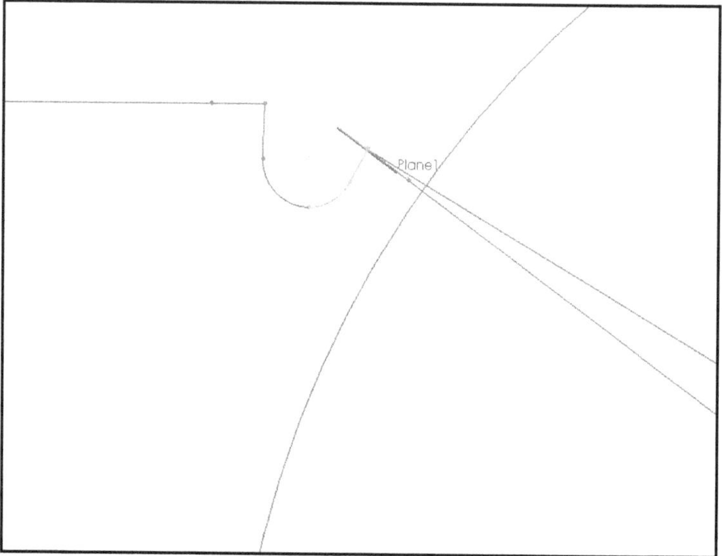

Fig.5.2 - Detalierea schiţării buzei volutei

3. Generarea volumului volutei

Deoarece secţiunea marcată cu verde (A) este definită printr-o formă diferită faţă de celelalte două care o flanchează (B şi C), este implicit înţeles că secţiunile intermediare (de exemplu cele dintre A şi B, marcate în Fig.5.3) să fie diferite una faţă de cealaltă, realizând o trecere cvasi-continuă între forma secţiunii A şi forma secţiunii B.

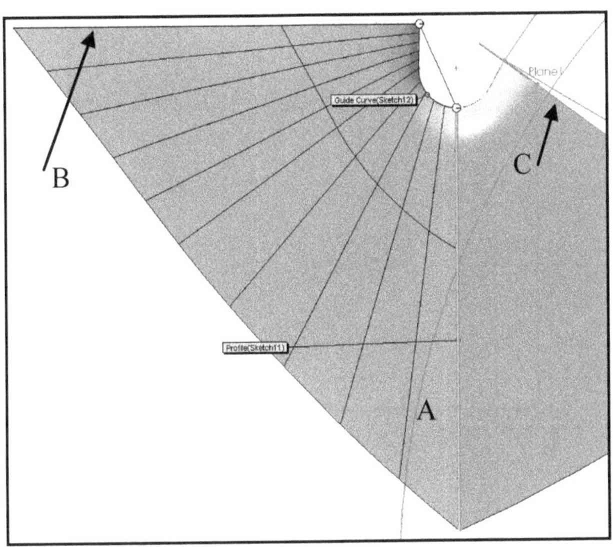

Fig.5.3 – Detaliu cu construcţia secţiunii solide a buzei volutei

Este important de subliniat că, deşi din punct de vedere gazodinamic alterarea geometriei prin considerarea secţiunii A ca fiind identică secţiunii C (după cum se arată în Fig.5.4) este nesemnificativă, rigurozitatea în execuţie trebuie menţinută iar orice abatere de la proiectul iniţial motivată şi consemnată în mod corespunzător.

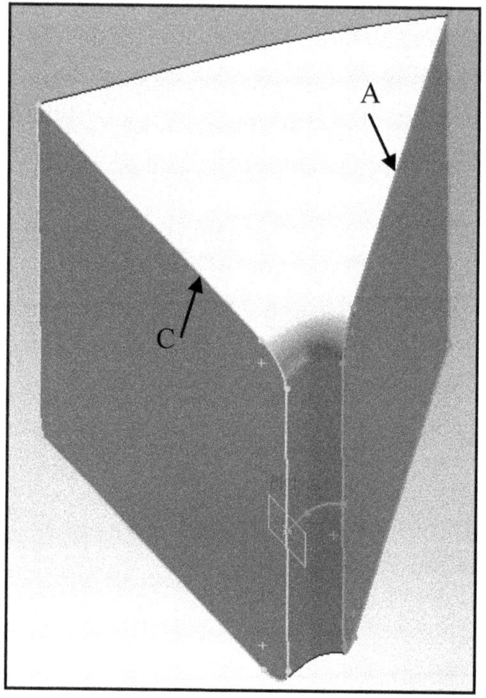

Fig.5.4 – Trecerea din secţiunea C în secţiunea A

Pentru realizarea volumului se poate utiliza comanda **loft**, luând drept secţiuni extreme schiţele A şi C iar ca ghidaj semi-schiţa buzei volutei (marcata cu roşu). În acest mod se controlează corect trecerea de la o secţiune la cealaltă. Utilizatorul poate sesiza că la trecerea din secţiunea A în B tehnica folosită obţine rezultate mai vizibile decât la trecerea din A în C.

Volumul adiţional (care nu apare în desenul de execuţie de la care s-a pornit) va fi eliminat către sfârşitul desenului miezului volutei, astfel acesta nu constituie o abatere de la proiectul iniţial.

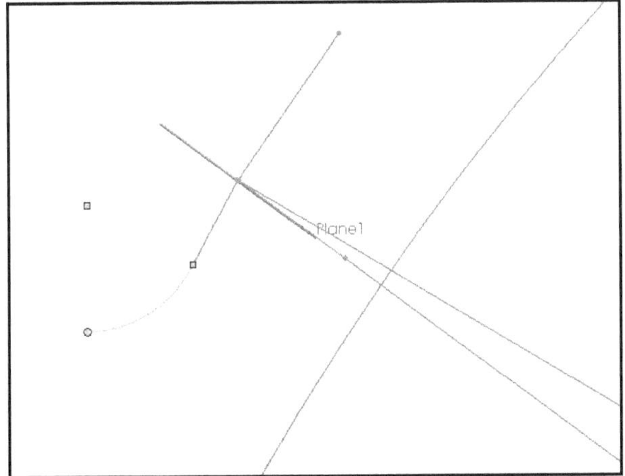

Fig.5.5 – Definirea planelor de referinţă pentru schiţele secţiunilor

Planele de referinţă pentru cele două schiţe care mărginesc volumul parţial dorit se definesc pe baza semi-schiţei buzei volutei. Aşadar, planele sunt generate ca fiind normale la curbă în punctul dorit (punctele extreme ale semi-schiţei în cauză).

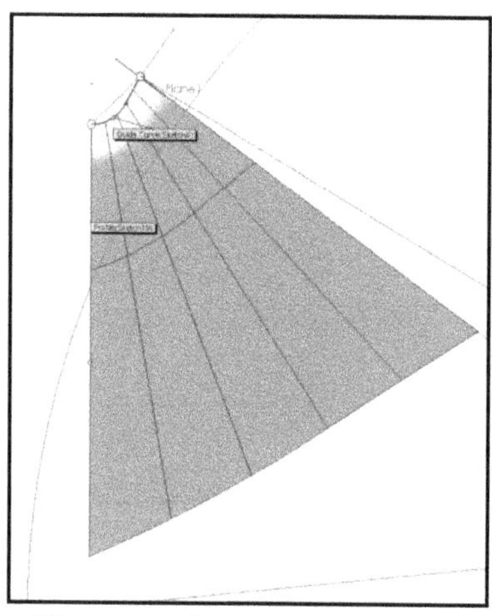

Fig.5.6 – Exemplu de segment generat prin **loft**

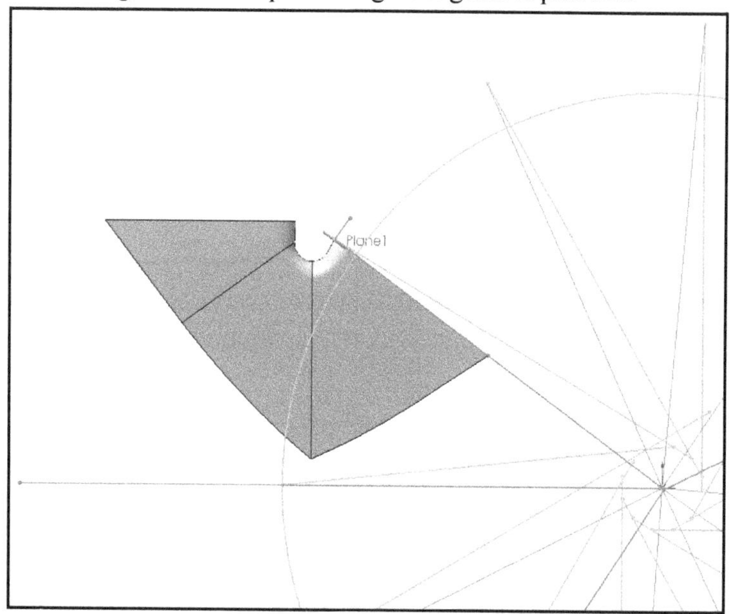

Fig.5.7 – Forma finală a buzei volutei

Se poate remarca faptul că volumul real (care se va regăsi în forma finală) este relativ mic în comparaţie cu cel în surplus. Surplusul va fi şi mai mare la trecerea către prima secţiune a corpului miezului propriu-zis al volutei.

4. Realizarea secţiunilor volutei propriu-zise

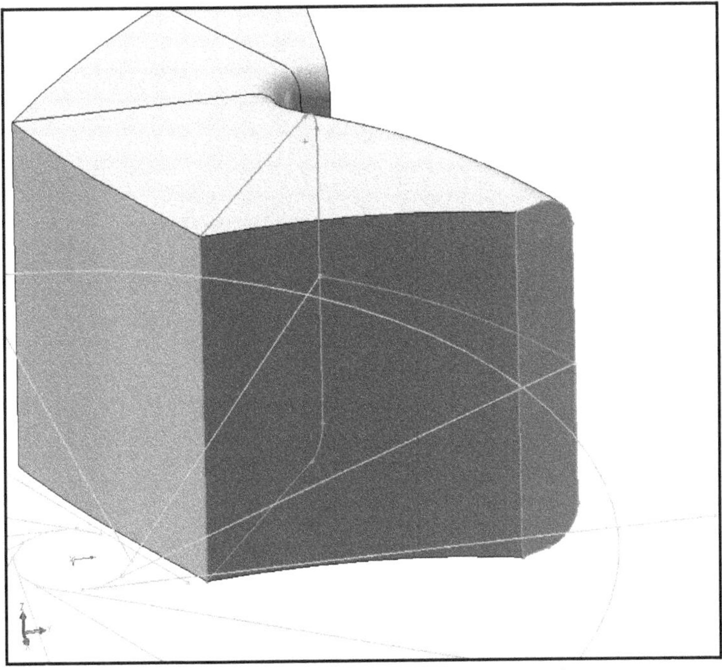

Fig.5.8 – Formarea joncţiunii dintre secţiunea miezului volutei şi buza miezului volutei

Folosind centrul aferent secţiunii se construieşte arcul (marcat cu roşu) pentru ghidarea loft-ului dintre cele două schiţe.

Arcul de cerc folosit la ghidare trebuie menţinut în planul median pentru a nu deforma sau denatura forma tridimensională a tronsonului volutei.

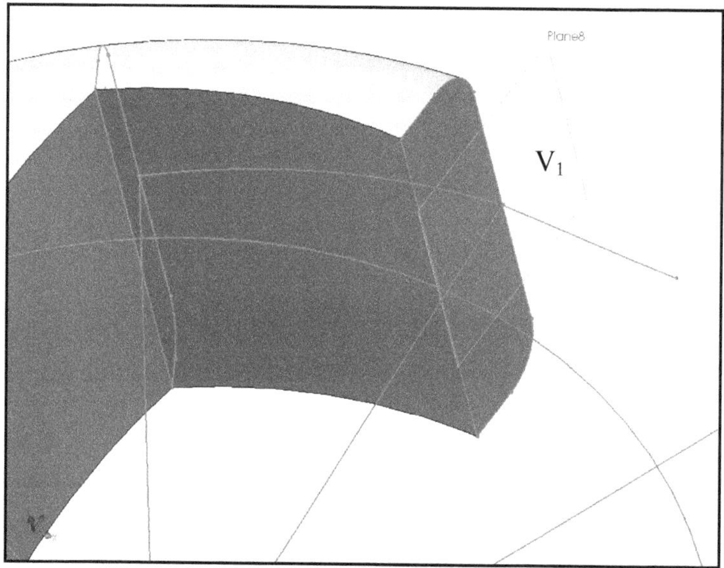

Fig.5.9 – Trecerea la secţiunea următoare a corpului volutei

Într-un mod similar celui anterior se poate construi, folosind următorul centru pentru construcţia arcului.

Ca algoritm, punctul V_1 este definit din proiect prin distanţa faţă de originea sistemului de coordonate la poziţia angulară a secţiunii, cu alte cuvinte, definirea punctelor aflate la periferia volutei sunt date în coordonate polare.

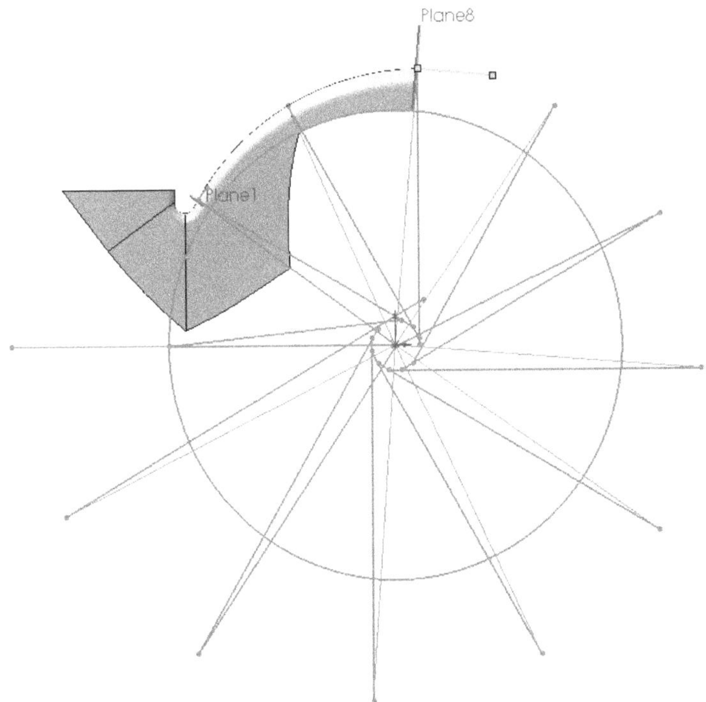

Fig.5.10 – Vederea în plan orizontal a volutei construite până la acest moment

Planul în care se face schiţarea, în cazul de faţă Plane 8, este definit ca fiind normal la arcul de cerc folosit pentru ghidajul secţiunii anterioare (linia verde nu este folosită la construcţia efectivă a planului ci este folosită aici pentru înlesnirea ilustrării normalei planului).

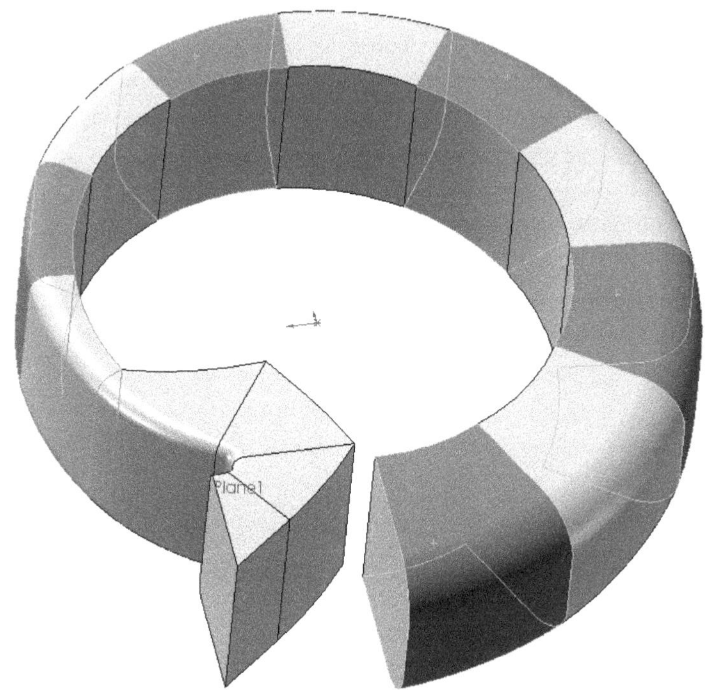

Fig.5.11 – Toate celelalte secţiuni simple sunt realizate într-un mod similar

În lipsa unui ghidaj corespunzător pe interiorul formei volutei, există riscul apariţiei unor mici deformări care, deşi abia perceptibile, constituie abateri de la proiectul de bază şi ar trebui evitate.

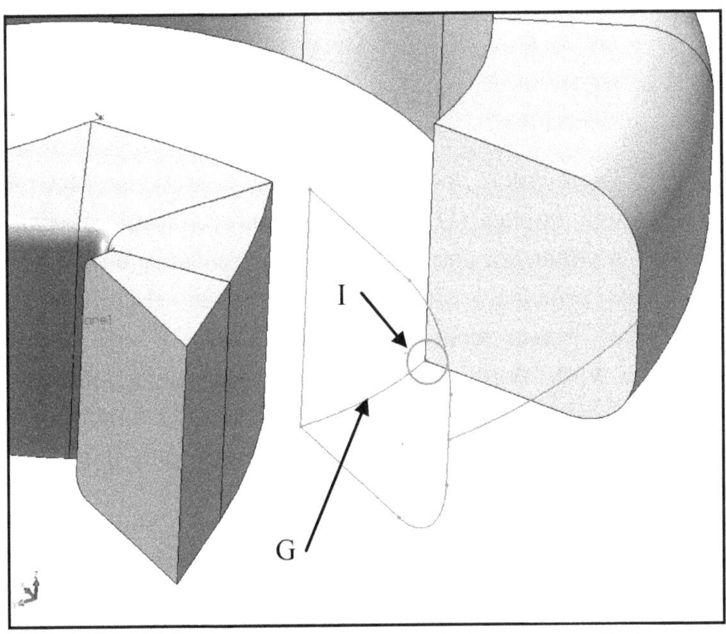

Fig.5.12 – Linie de ghidaj în plan inferior pentru eliminarea abaterilor de forma a volutei

În plus faţă de ghidajul periferic constituit de arcele de cerc cu rază crescătoare, se pot introduce arce de cerc la partea inferioară şi la partea superioară pentru ghidarea la interior a formei tridimensionale a fiecărui tronson de volută.

Planul în care trebuie schiţată curba suplimentară de ghidaj, G, este definit ca fiind *paralel cu planul orizontal* şi conţinând vârful punctului secţiunii anterioare I.

Arcele de cerc suplimentare pentru ghidaj au aceeaşi rază, anume raza difuzorului nepaletat corespunzătoare compresorului centrifugal pentru care este proiectată voluta.

În acelaşi fel se poate proceda şi la partea superioară pentru a minimaliza deformaţiile finale ale volutei.

5. Închiderea volutei

După cum reiese din Fig.5.13, secţiunea dinspre descărcarea volutei (D, schiţa marcată cu roşu) şi schiţa ultimei secţiuni din corpul volutei sunt fundamental diferite. Diferenţa principală este colţul interior al schiţei care la secţiunea D este racordat iar în secţiunea F este ascuţit (muchie vie). Astfel devine practic imposibilă utilizarea comenzii **loft** pentru închiderea volutei, aceasta trebuind a fi realizată în mai multe etape. Prima etapa este finalizarea tronsonului de evacuare .

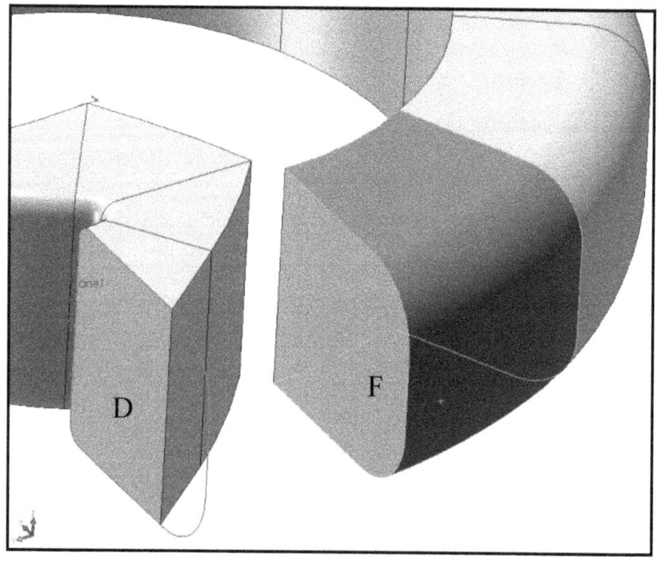

Fig.5.13 – Diferenţele dintre secţiunile ce trebuie solidarizate

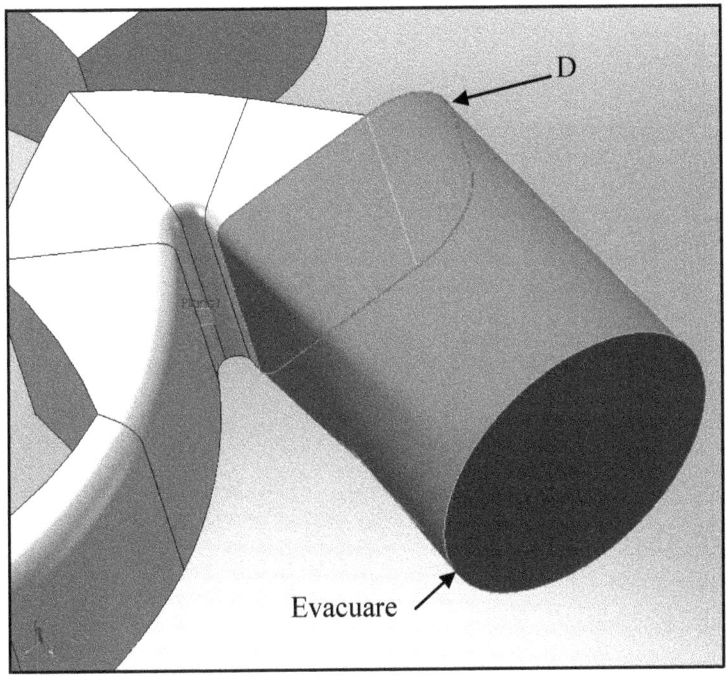

Fig.5.14 – Finalizarea tronsonului de evacuare

Secţiunea la ieşirea din volută este, în mod tradiţional, circulară. Tronsonul de la evacuare (marcat cu verde) poate fi realizat prin comanda **loft** între schiţa D (marcată cu roşu) şi cercul din schiţa secţiunii de evacuare. **Loft**-ul poate fi realizat şi fără curbe de ghidaj atâta timp cât se îndeplineşte condiţia de simetrie dintre partea superioară şi cea inferioară a tronsonului.

Cu toate că acest pas nu este evident necesar, el are o utilitate practică – anume realizarea unui perete solid pe care se va putea aşeza schiţa pentru închiderea volutei.

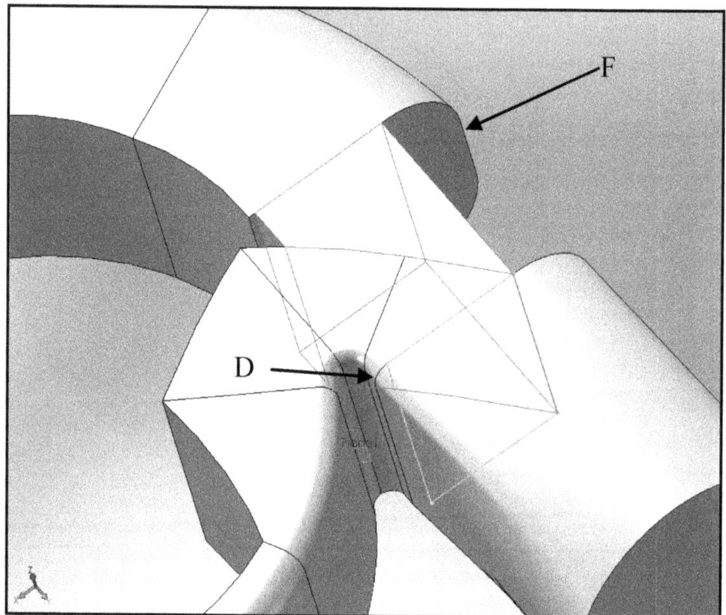

Fig.5.15 – Începutul închiderii volutei

Pentru început se poate remarca faptul că, din cauza că profilul din secţiunea buzei volutei este variabil, o extrudare care să includă şi partea şanfrenată a secţiunii D nu este posibilă (deoarece ar conduce la "ieşirea" suprafeţei extrudate prin buza volutei).

Astfel, o procedură posibilă este extrudarea părţii conţinute între cele două zone şanfrenate ale schiţei D (marcat cu verde).

Deoarece schiţele D şi F au raze de racordare diferite ele trebuie unite tot prin comanda **loft**.

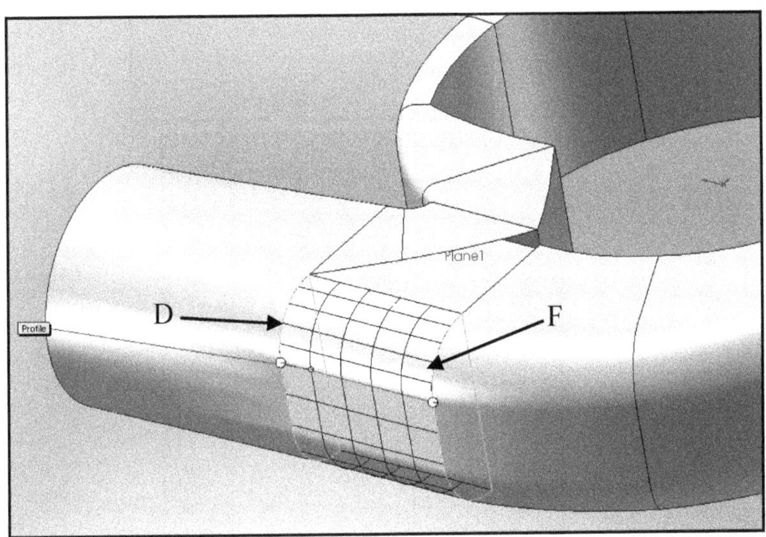

Fig.5.16 – Loft-ul dintre părţile exterioare ale secţiunilor D şi F

Deoarece porţiunile în care se va realiza ultimul **loft** la exteriorul volutei nu reprezintă schiţe întregi ci doar porţiuni ale schiţelor D şi F, operaţiunea **loft** va fi realizată între faţetele lăsate libere. Dacă se doreşte, există posibilitatea convertirii contururilor celor două faţete prin selectarea acestora iar apoi, din meniul de schiţare 2D se poate folosi comanda **Convert**.

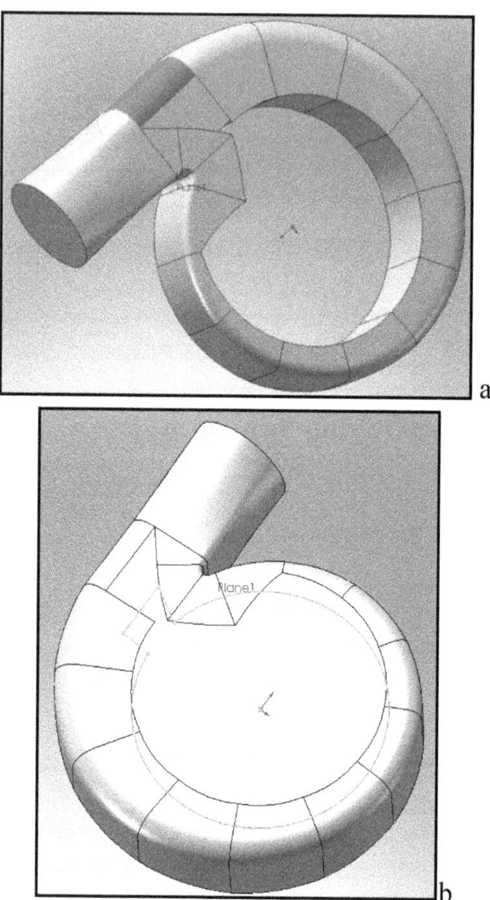

Fig.5.18 – a. Golul interior din volută;
b. Schiţa pentru umplere

După cum s-a convenit încă de la început, regiunea interioară va fi mai întâi umplută complet pentru ca ulterior să se realizeze peretele cilindric interior printr-o singură operaţiune **Extruded-Cut**. Schiţa de umplere Fig.5.18 b va aparţine planului orizontal.

6.Tăierea peretelui interior

Deoarece modelul de faţă este construit în vederea simulării CFD, forma peretelui interior trebuie să fie realizată cât mai precis. Aşadar este de preferat ca acesta să fie realizat dintr-o singura operaţiune de tăiere, nu din mai multe operaţiuni de **loft** (chiar cu curbe de ghidaj pe interior).

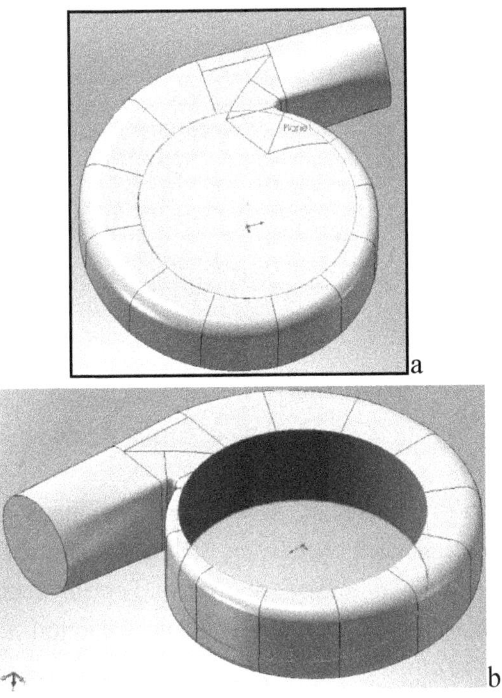

Fig.5.19 – Formarea peretelui interior

a. Schiţa de tăiere b. Voluta după operaţiunea **Extruded Cut**

Schiţa folosită pentru tăierea peretelui interior poate fi realizată în orice plan (de regulă este de preferat planul median orizontal).

7. Formarea difuzorului nepaletat

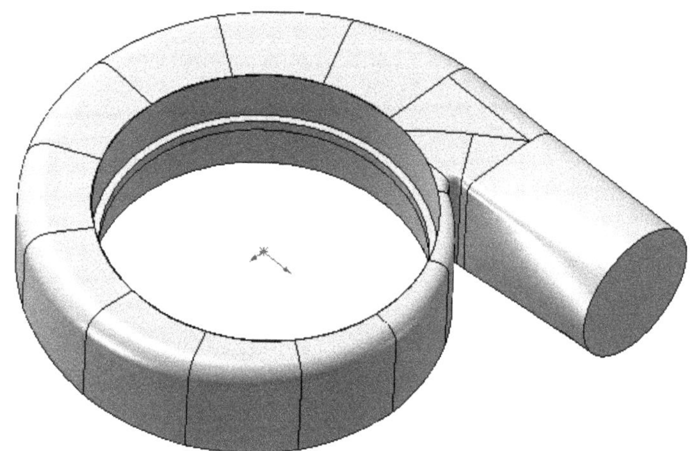

Fig.5.20 – Voluta în forma finală

Pentru formarea difuzorului nepaletat – ultima componentă necesară modelului 3D pentru simularea CFD – se pot alege mai multe abordări. Pentru acest caz se recomandă schiţarea în planul median orizontal a unui inel circular cu raza exterioară dată de peretele cilindric al volutei iar ca raza interioară - raza specificată de proiectant pentru difuzorul nepaletat. Odată realizată schiţa, aceasta poate fi extrudată pe două direcţii (coincidente, perpendiculare pe planul schiţei), pe fiecare direcţie înălţimea fiind jumătate din înălţimea totală a canalului.

Variantă alternativă de construcţie

În mod cert există multe metode pentru a realiza desenul tridimensional al unui model în particular (în contrast cu stricteţea regulilor de cotare). Deoarece modelul permite, vom încerca utilizarea unei alte strategii de desen, mai rapidă.

Vom folosi schiţa plană a volutei (care conţine "spirala"). Pentru a obţine schiţa din modelul deja desenat, putem secţiona voluta printr-o operaţie de tăiere (**Extruded-Cut**) prin planul de simetrie al acesteia. Apoi, selectând planul de simetrie folosim comanda **Convert** pentru a realiza schiţa de care avem nevoie.

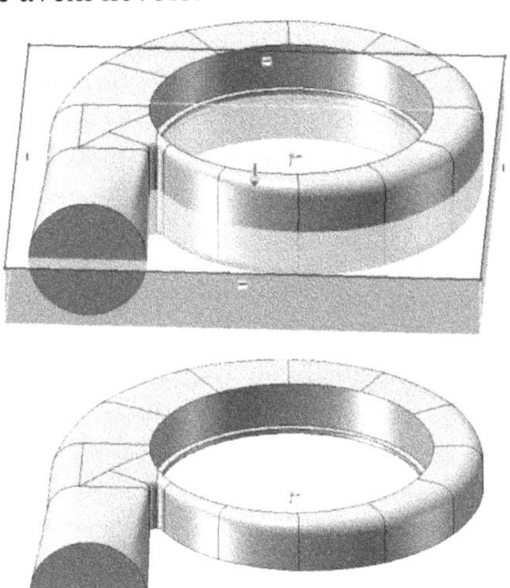

Fig.5. 21 – Secţionarea în planul de simetrie al volutei

Trebuie spus că, la fel de bine, am fi putut relua schiţarea respectivei secţiuni, bazându-ne pe indicaţiile din anexă – dar varianta prezentată aici încearcă doar să ilustreze diversele capacitaţi ale programului.

Copiem schiţa într-un nou fişier *.sldprt şi completăm schiţa cu cercul interior (de raza R = 300) apoi transformăm în linii de construcţie părţile pe care nu le vom folosi imediat (Fig.5.22), după aceasta folosim comanda **Extrude** pentru a obţine corpul din Fig.5.23.

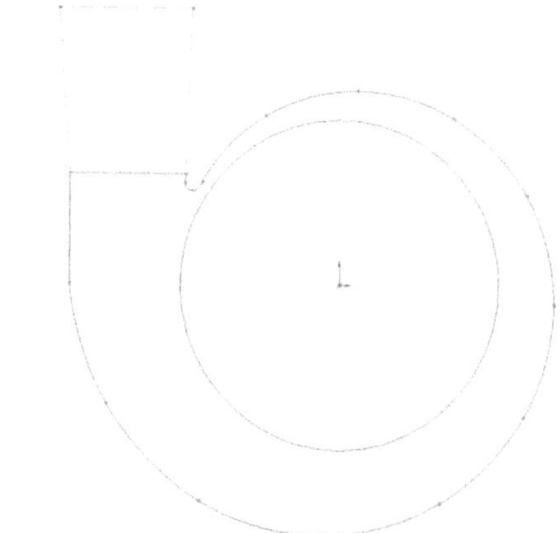

Fig.5.22 – Schiţa plană a volutei

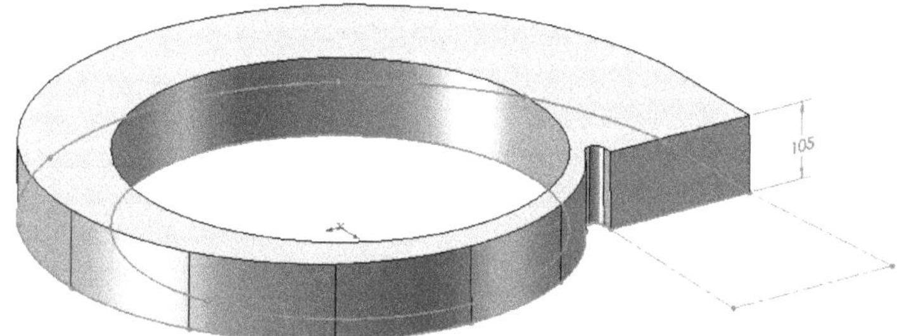

Fig.5.23 – Hemi-corpul volutei după extrudare

Vom folosi acum comanda **Fillet (Insert – Fillet – Variable radius fillet)** pentru a crea curbura muchiei exterioare a volutei. După selectarea (este bine să facem selectarea în ordine, pentru a evita confuziile ulterioare) muchiilor conturului putem începe să dăm valori razelor de racordare aşa cum sunt ele descrise în anexa.

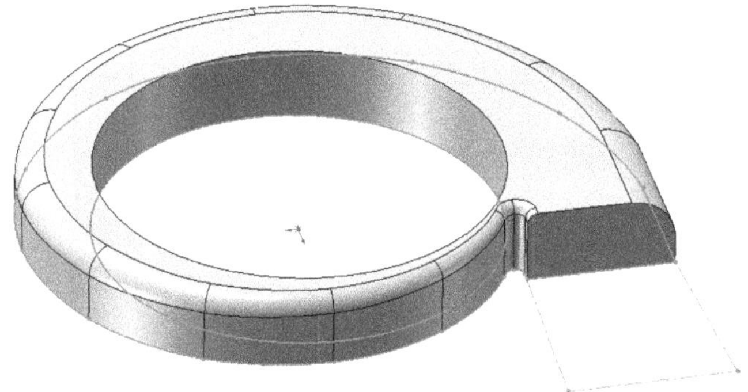

Fig.5.24 – Corpul obţinut după racordarea cu rază variabilă

Următorul pas este introducerea unui plan definit de liniile de construcţie în care vom schiţa un semicerc de rază cunoscută (R=125).

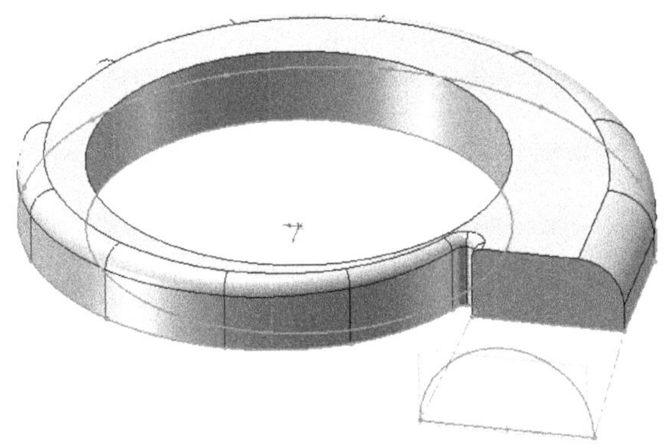

Fig.5.25 – Schiţa secţiunii de evacuare din volută

Prin utilizarea funcţiei **loft** finalizăm geometria evacuării din volută, pentru mai multă siguranţă putem trasa într-o schiţă plană linii de ghidaj (cele transformate în linii de construcţie nu sunt disponibile).

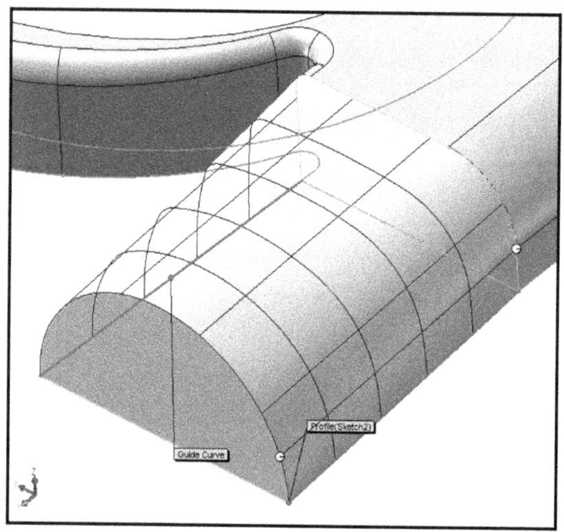

Fig.5. 26 – Detaliu cu realizarea secţiunii de evacuare.

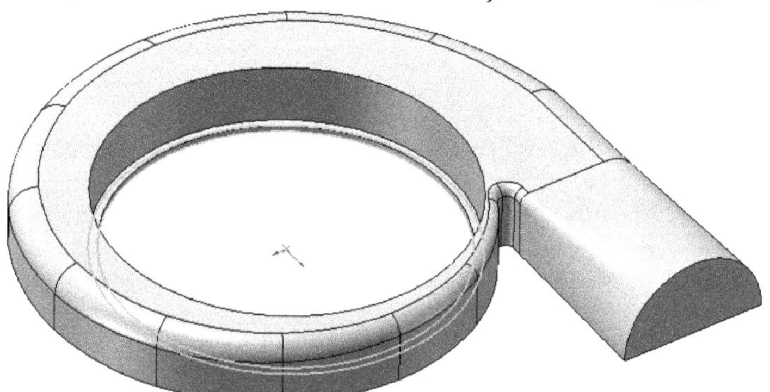

Fig.5. 27 – Difuzorul nepaletat este adăugat prin folosirea comenzii **Extrude** (10 mm)

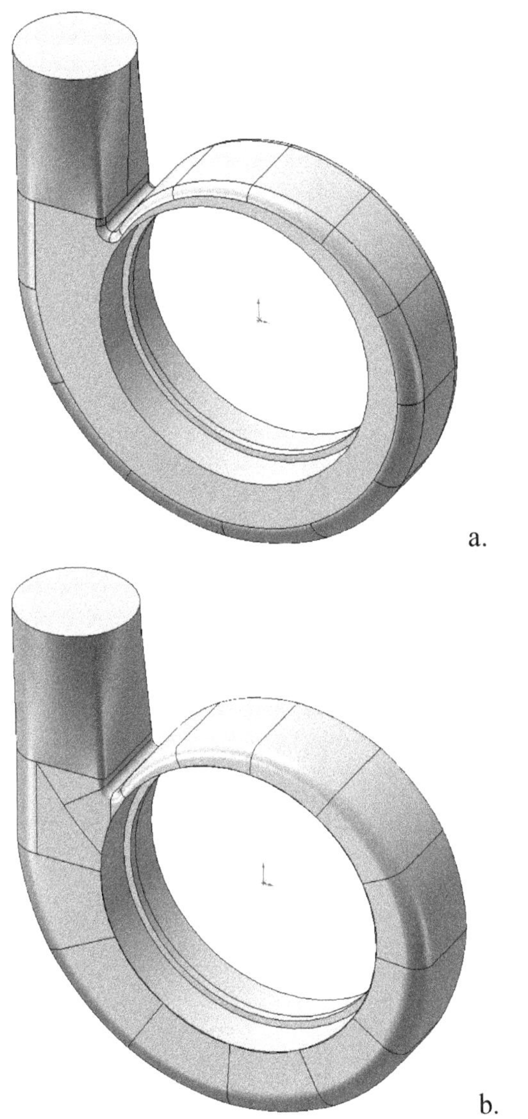

Fig.5. 28 – a. Voluta realizată prin metoda simplificată
b. Voluta prin metoda generalizată

Anexă - Cotele pentru miezul volutei

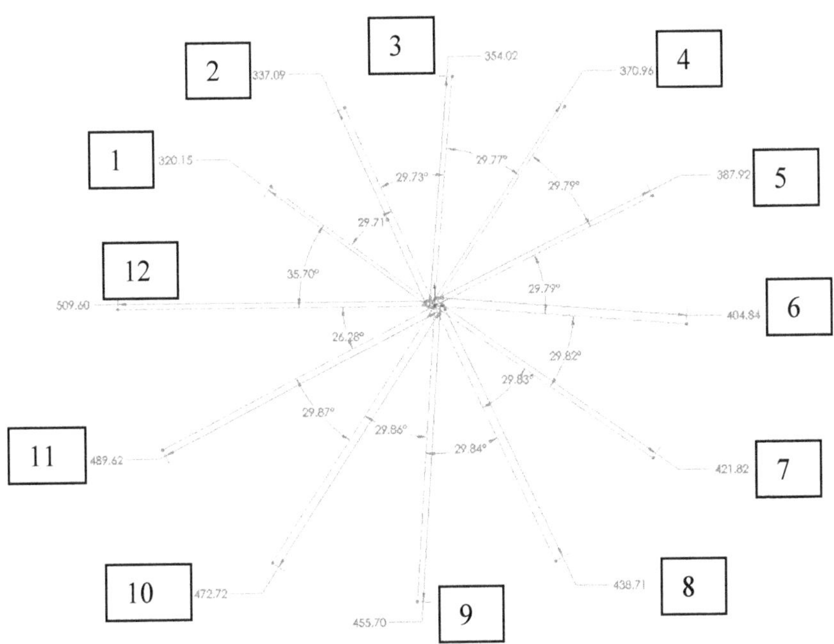

Fig.A.1 – Cotele liniilor de construcție și numerotarea secțiunilor miezului volutei

Tabel A.1 – Geometriile şi cotele secţiunilor volutei

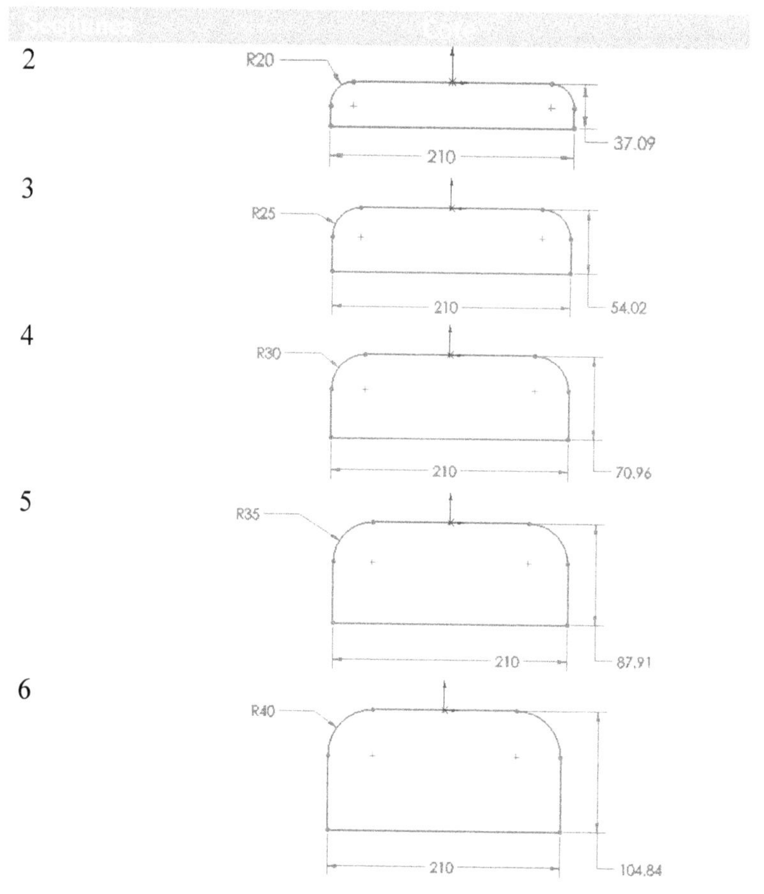

7

8

9

10

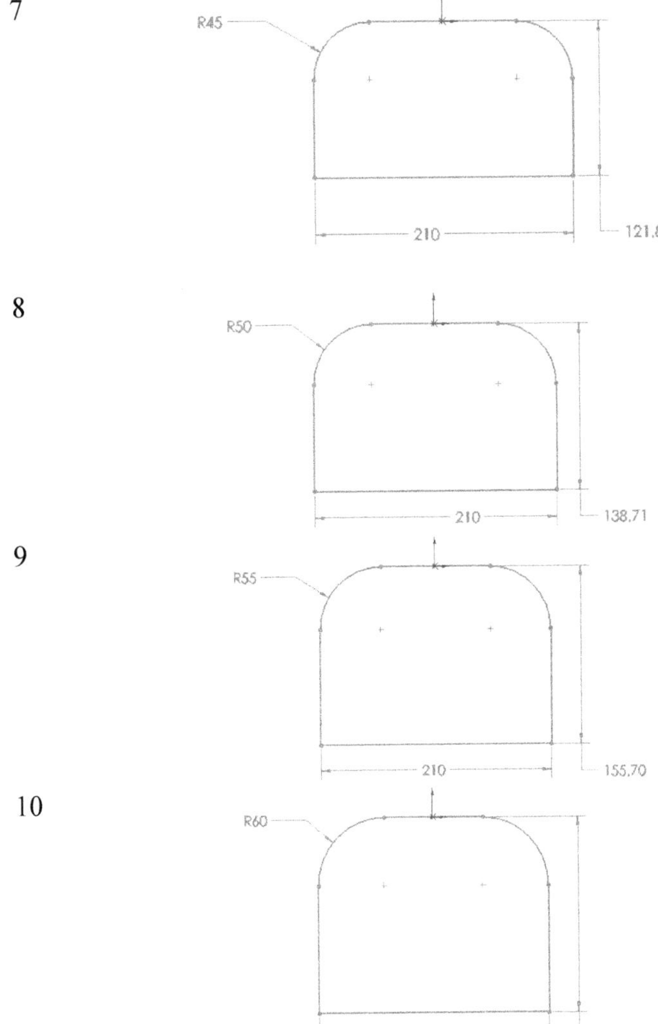

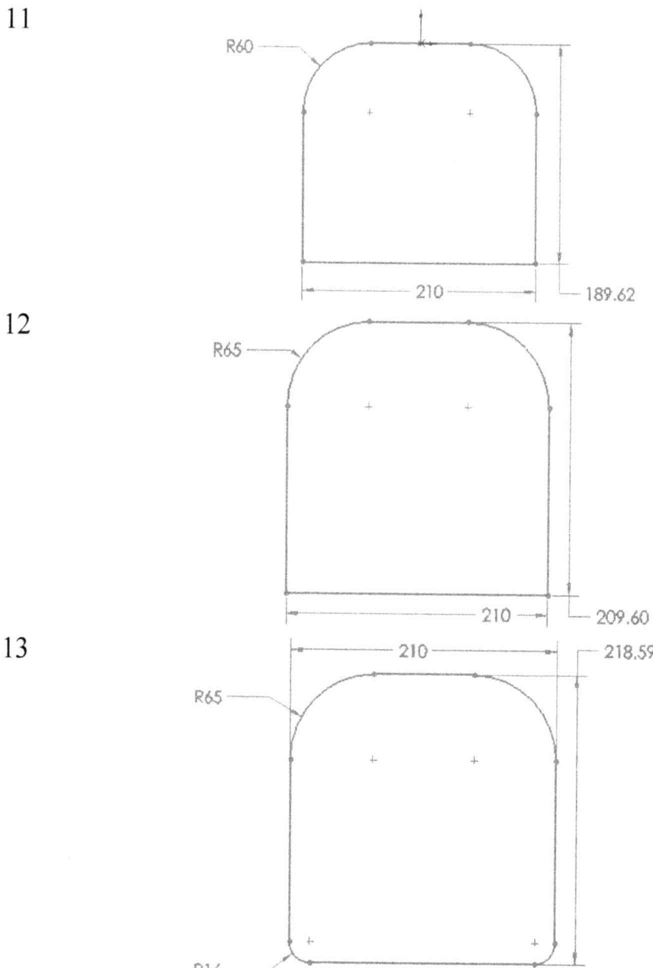
11
R60
210
189.62
12
R65
210
209.60
13
210
218.59
R65
R16

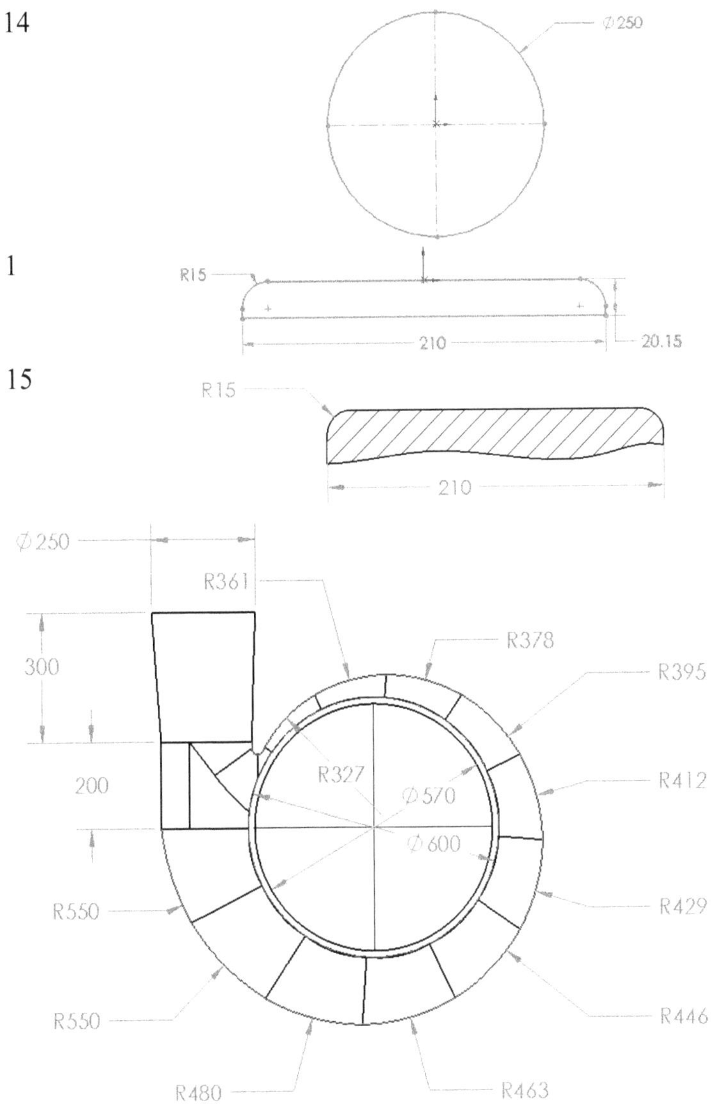

Fig.A.2 – Razele de racordare ale exteriorului volutei precum şi diametrele statorului nepaletat

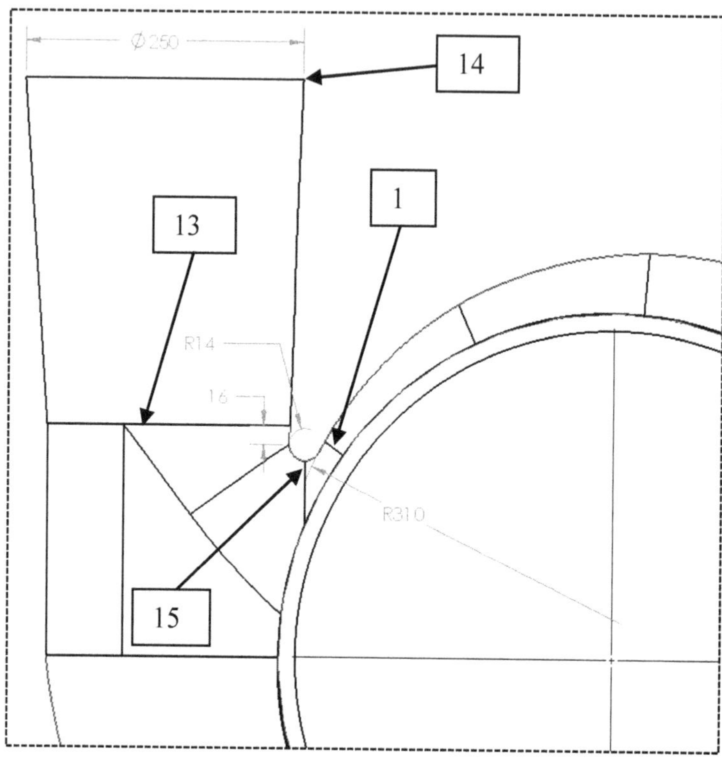

Fig.A.3 – Detaliu cu cotele şi numerotarea secţiunilor pentru buza volutei

Cap.VI - Rotor pentru compresor centrifugal

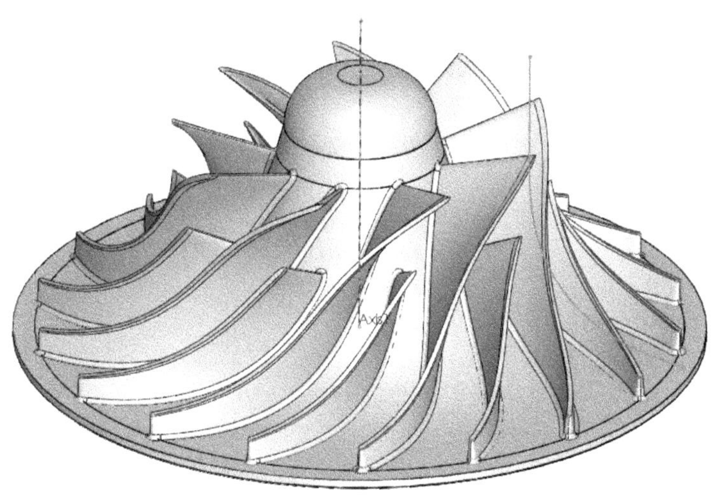

Cap.VI - Rotor pentru compresor centrifugal

Compresoarele centrifugale sunt unele dintre cele mai des întâlnite componente pentru instalaţiile turbină de gaz de dimensiuni medii şi mici (atât în industria producătoare de energie cât şi în cea aeronautică). Avantajul major al acestora faţă de celelalte compresoare aerodinamice – în special faţă de cele cu curgere axială – este gradul mare de comprimare pe treaptă, acesta putând ajunge până la 9:1 (comparativ cu 1,3:1 - 1,7:1 în cazul compresoarelor axiale). Proiectarea compresoarelor centrifugale, precum şi modul de evaluare a performanţelor acestora, este bine descrisă în literatura de specialitate. Deoarece paletele sunt considerate – de regulă – suprafeţe riglate, proiectantul oferă desenatorului o listă de coordonate tridimensionale prin care descrie profilurile paletei. Formele de rotaţie care generează baza şi coama rotorului sunt în principiu schiţe plane, putând fi descrise şi analitic (în exemplul de faţă însă vom folosi tot importul curbelor prin puncte).

1.Importul profilelor paletei	2. Modelarea secţiunilor

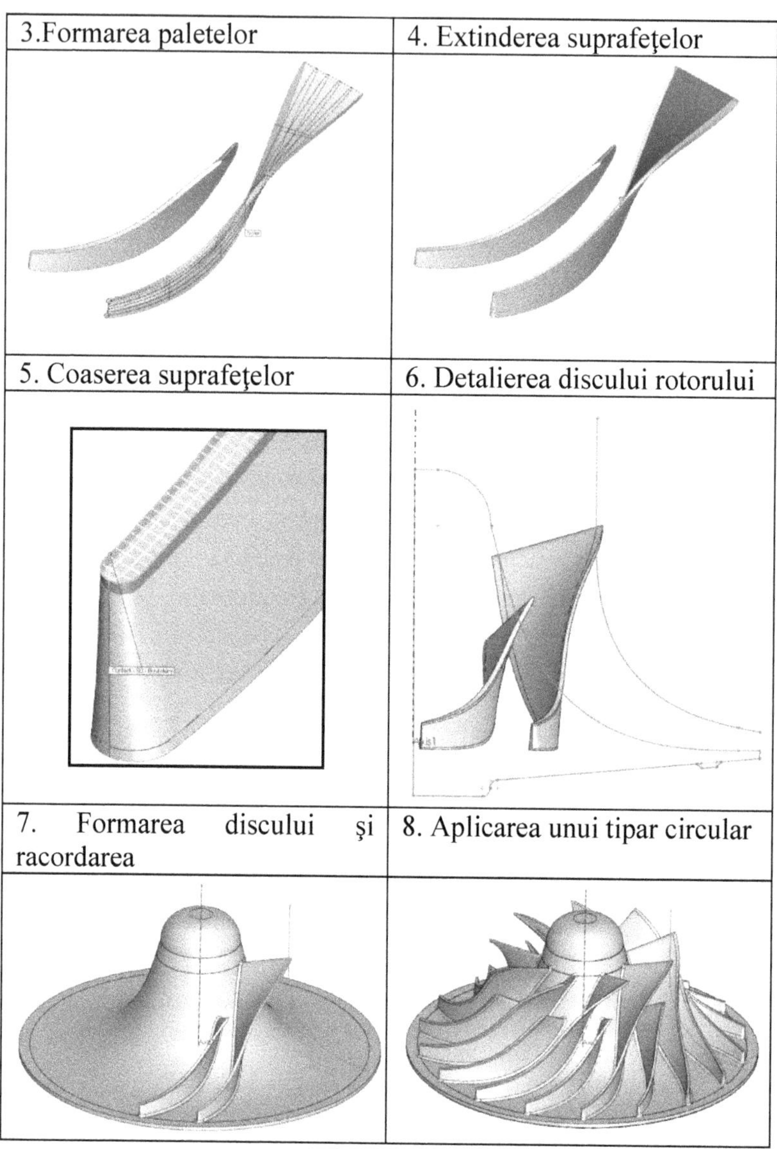

3.Formarea paletelor	4. Extinderea suprafeţelor
5. Coaserea suprafeţelor	6. Detalierea discului rotorului
7. Formarea discului şi racordarea	8. Aplicarea unui tipar circular

1. Importul curbelor

Deoarece profilele care definesc paletele unui rotor centrifugal real (optimizat din punct de vedere aerodinamic) sunt curbe tridimensionale de o înaltă complexitate, odată definite din calcul, acestea sunt cel mai simplu definite prin coordonate spaţiale. Aşadar este util importul curbelor prin comanda **Insert - Curve – Curve Through XYZ points**. Formatul nativ pentru aceasta operaţiune (propriu programului *SolidWorks*) este **.sldcrv* însă programul permite importul de fişiere **.txt* în care, pe coloane, sunt date, în ordine, coordonatele pe cele trei axe ale punctelor.

După importul curbelor, acestea arată similar celor din Fig.6.1.

Fig.6.1 – Vedere axonometrică a curbelor unui profil aerodinamic

În versiuni mai vechi ale programului (e.g. *SolidWorks 2007*) curbele ar fi trebuit convertite în schiţe 3D iar apoi ascusne. Acest pas nu mai este necesar în versiunile mai recente.

2. Modelarea paletei

Geometria paletei este complet definită de cele două schiţe 3D însă acestea trebuie unite prin comanda **Loft**. Aceasta comandă nu este accesibilă întotdeauna pentru schiţe 3D (din diverse motive) aşadar este necesar un pas intermediar în care vom pregăti modelul pentru operaţiunea de **Loft** definită prin suprafeţe (nu curbe).

Curbele 3D ce definesc profilele extremităţilor paletei definesc câte o suprafaţă ce poate fi calculată prin comanda **Insert** – **Surface** – **Fill** (selectăm drept contur schiţa 3D).

Fig.6.2 - Umplerea suprafeţelor marginite de profilele extreme ale paletelor

Putem acum, odată ce suprafeţele mărginite de contururile profilelor au fost create, să folosim funcţia **Loft** între cele două suprafeţe(**Insert – Surface – Loft**). Este utilă selectarea unei poziţii pentru linia generatoare cât mai aproape de bordul de fugă al paletei (unde aceasta poate fi chiar continuată în planul lateral). Dacă împărţim profilul în extrados şi intrados, acest criteriu va fi realizat implicit. În unele cazuri este necesar să folosim funcţia de simplificare a curbelor (dacă aceasta are prea multe puncte).

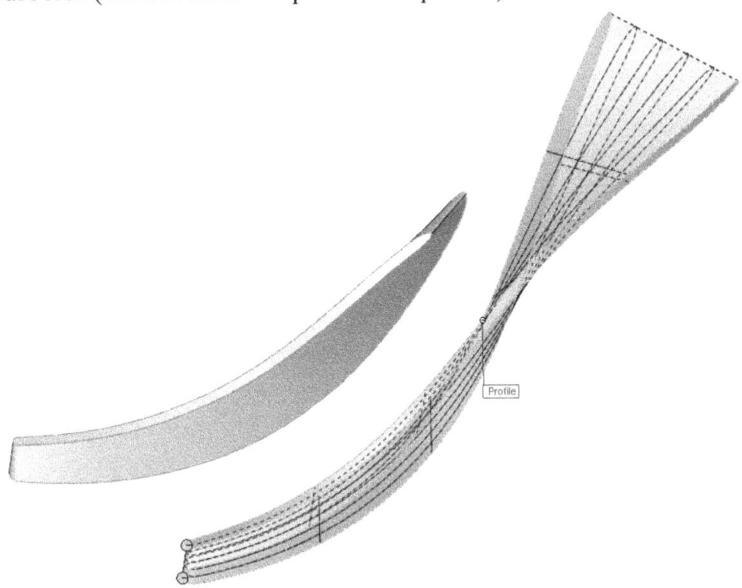

Fig. 6.3 - Intradosul şi extradosul paletelor realizate prin comanda **Loft Surfaces**

Pentru a evita eventualele erori generate de faptul că poziţia profilelor nu se află pe butucul sau coama rotorului, este de preferat să folosim funcţia **Extend Surface**. Deoarece va trebui să închidem suprafeţele de capăt ale paletei trebuie bifată opţiunea **linear**. Aceasta va asigura faptul că noile curbe din capetele paletei nu se suprapun.

Fig. 6.4 - Extensia suprafeţelor asigură intersecţia dintre palete şi butuc/coamă (special pentru CFD)

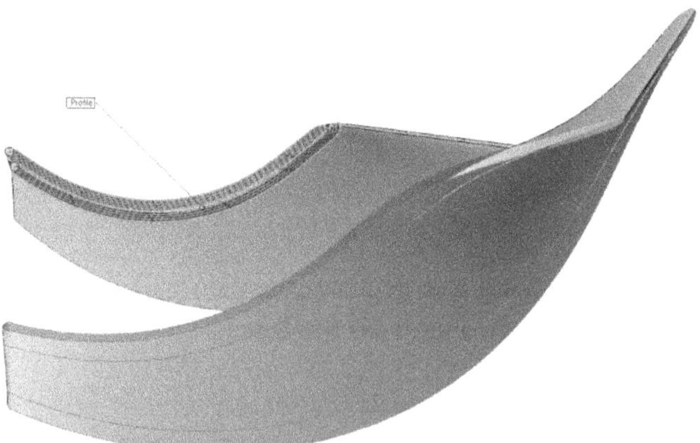

Fig.6.5 - Se poate folosi şi comanda **offset** pentru suprafaţele de capăt dar această variantă este mai puţin precisă

După extinderea suprafeţelor trebuie din nou umplute schiţele de capăt ale paletei.

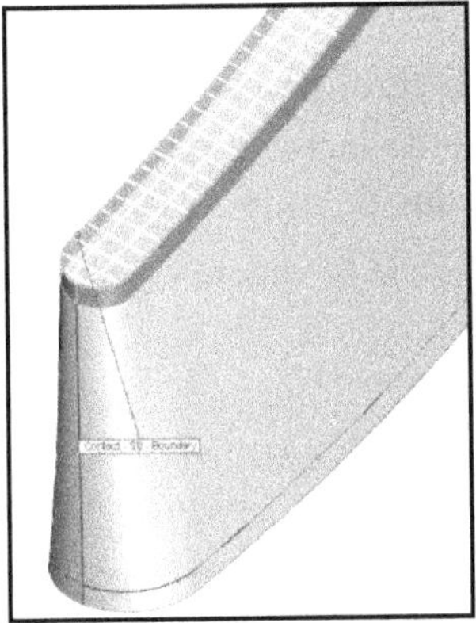

Fig.6.5 - Noua coamă a paletei

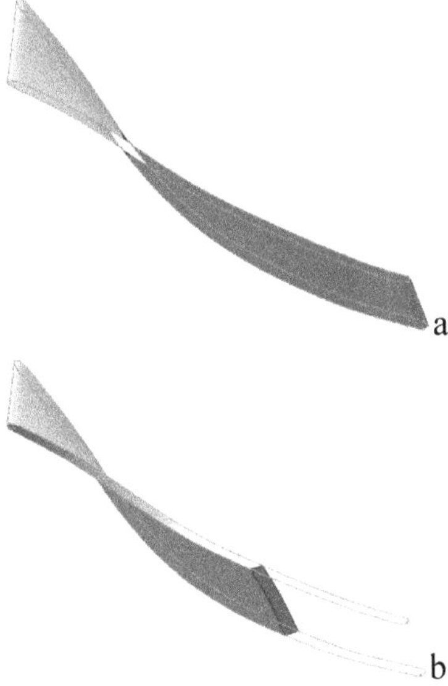

Fig. 6.6 - Folosim **Knit** (***create solid*** ş ***merge entities***) pentru a obtine corpul paletei

3. Inserarea butucului şi a curbei de vârf

Pentru exerciţiul acesta vom considera că există deja o schiţă cu curbele de butuc şi de vârf într-un fisier *.sldpart diferit. Selectăm ambele schiţe şi le copiem (ctrl+c; ctrl+v) în proiectul curent. Se are în vedere orientarea şi poziţia planului de inserare.

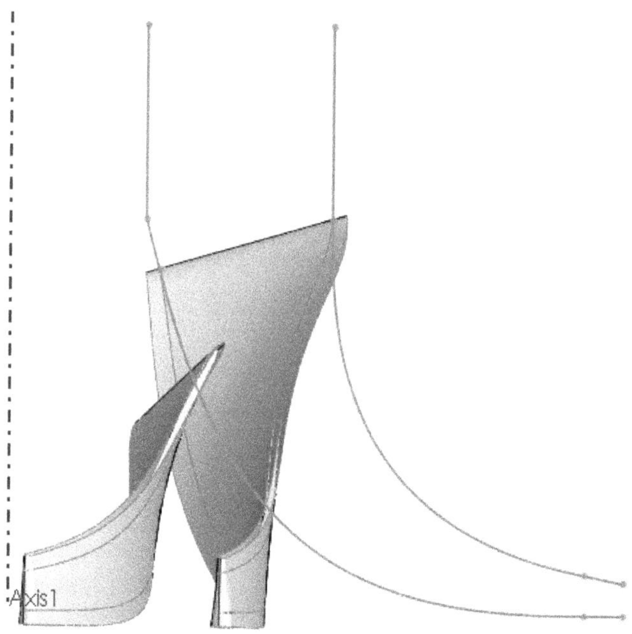

Fig. 6.7 - Curbele de butuc şi de vârf

Cele două schiţe pot fi editate în vederea adăugării de detalii. Figura de mai sus se potriveşte mai degrabă pentru aplicaţii de simulare gazodinamică.

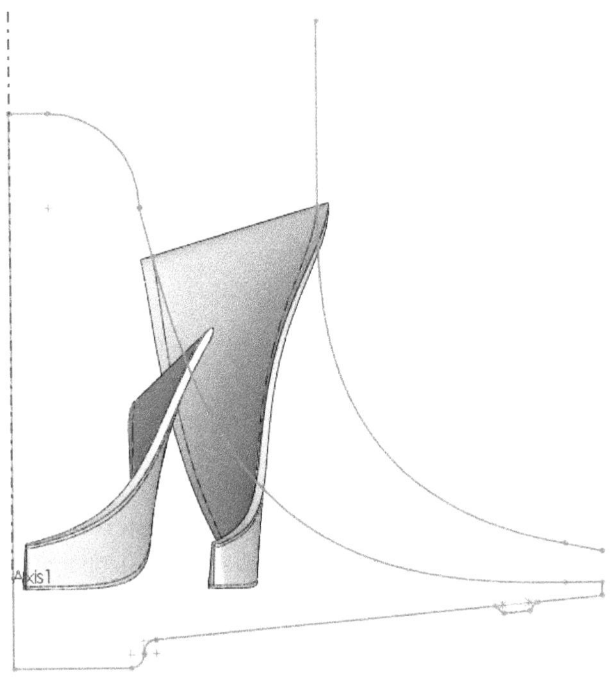

Fig.6.8 – Curbele de butuc şi de vârf după editare

Pentru modelarea discurilor rotorilor care nu sunt închişi, este suficientă selectarea segmentului coincident cu axa de rotaţie şi aplicarea comenzii **Revolved Boss/Base**. Axa de referinţă din imagine va fi utilă pentru comanda **Circular Pattern**.

Dacă funcţia **Fillet** aplicată direct conduce la erori, se poate folosi *FeatureXpert*. De regulă, dacă nici în acest fel nu se poate realiza racordarea, geometria trebuie curăţată.

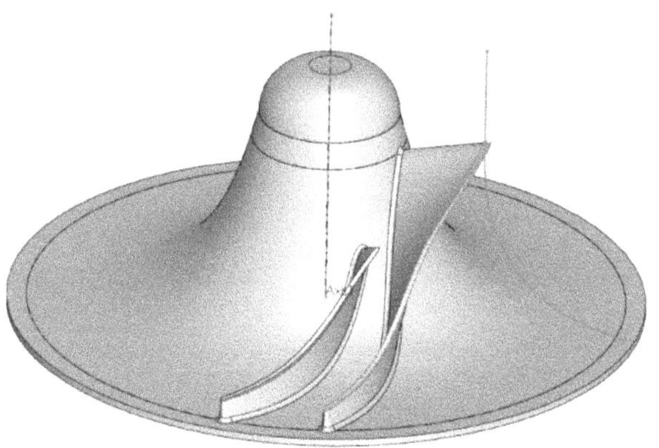

Fig. 6.9 - Paletele compresorului racordate la disc

4. Adăugarea tiparului circular

Folosirea tiparului circular (**Insert – Pattern/Mirror – Circular Pattern**) conduce la creerea restului de palete. Axa de referinţă este selectată şi folosită pentru aceasta operaţie. Este de preferat să bifăm opţiunea ***bodies to pattern***, chiar dacă acest lucru implică repetarea discului.

Fig. 6.10 - Rotorul finalizat

Tabel 6.1 - Coordonatele paletelor pentru un alt rotor

X	Y	Z	X	Y	Z
16.9158	7.6484	0.00652	16.9898	7.76056	2.08681
16.724	7.53285	0.01723	16.8881	7.70261	2.10227
16.5865	7.34977	0.02687	16.8198	7.60372	2.11633
16.4504	7.1655	0.03643	16.7546	7.50246	2.13048
16.3135	6.98183	0.04599	16.6877	7.40237	2.14513
16.1746	6.7997	0.05555	16.6209	7.30229	2.16009
16.0345	6.61847	0.06511	16.5538	7.20238	2.17509
15.8944	6.43725	0.07467	16.484	7.10443	2.19087
15.7544	6.25594	0.08421	16.4132	7.00737	2.20708
15.6146	6.07454	0.09367	16.3415	6.91098	2.2237
14.5319	4.89375	0.16207	15.5563	5.92834	2.42142
13.3781	3.78052	0.23101	14.7538	4.96806	2.65614
12.1483	2.75289	0.30061	13.942	4.02462	2.92537
10.8478	1.82603	0.44428	12.3145	2.19839	3.6203
9.51368	1.02209	0.82292	11.5707	1.36783	4.23162
8.19254	0.361	1.442	10.9611	0.56562	5.00807
6.92985	-0.1282	2.30002	10.5098	-0.2451	5.87837
5.82225	-0.6788	3.32082	10.2042	-1.1034	6.76704
5.72447	-0.7342	3.42439	10.1925	-1.1449	6.80976
5.62777	-0.7906	3.52845	10.1808	-1.1863	6.85248
5.53211	-0.8473	3.63331	10.1696	-1.2278	6.89518
5.43798	-0.9057	3.73858	10.1588	-1.2695	6.93793
5.34474	-0.9652	3.84408	10.148	-1.3111	6.98068
5.25277	-1.0262	3.94983	10.1374	-1.3545	7.02156
5.16169	-1.0884	4.05559	10.127	-1.4012	7.05882
5.0715	-1.1524	4.16114	10.1167	-1.4497	7.09369
4.98196	-1.2173	4.26661	10.1064	-1.4999	7.12614
4.89309	-1.283	4.37215	10.096	-1.5511	7.15692
4.81203	-1.3829	4.45224	10.0857	-1.6072	7.17609
4.7702	-1.5152	4.45496	10.0769	-1.6656	7.1674

4.84954	-1.533	4.33032	10.0744	-1.703	7.12265
4.94184	-1.4905	4.2176	10.0809	-1.6986	7.06328
5.03479	-1.4253	4.11531	10.0913	-1.6716	7.01055
5.1286	-1.3629	4.01206	10.1031	-1.6326	6.96567
5.2229	-1.3016	3.90855	10.1152	-1.5932	6.92125
5.31805	-1.2417	3.80501	10.1277	-1.5531	6.87752
5.41459	-1.1847	3.70116	10.1405	-1.5124	6.83436
5.51163	-1.1277	3.59773	10.1533	-1.4718	6.79122
5.60964	-1.0714	3.49488	10.1665	-1.4312	6.74813
6.71269	-0.528	2.46506	10.4994	-0.5689	5.87293
7.95657	-0.0323	1.58328	10.9646	0.2526	5.02001
9.28607	0.56893	0.92207	11.5843	1.05262	4.24924
10.6273	1.33869	0.50052	12.3303	1.88281	3.63963
13.2003	3.23064	0.24603	13.1473	2.77211	3.24132
14.3742	4.32217	0.17764	13.971	3.69808	2.94188
15.4765	5.48582	0.10976	14.7785	4.64558	2.67424
15.6249	5.6603	0.10021	15.5826	5.60436	2.43881
15.7694	5.83807	0.09073	16.3728	6.58282	2.23979
15.9139	6.01583	0.08121	16.4472	6.67702	2.22267
16.0575	6.19422	0.07169	16.5215	6.77141	2.20568
16.1991	6.37429	0.06219	16.5945	6.86683	2.18942
16.3407	6.55435	0.05265	16.6671	6.96268	2.17356
16.4818	6.73481	0.04311	16.7389	7.05916	2.15809
16.6186	6.91854	0.03364	16.81	7.15629	2.143
16.7539	7.10339	0.02419	16.8803	7.25399	2.12831
16.8885	7.28873	0.01472	16.9498	7.35234	2.11398
17.0043	7.48447	0.00585	17.0184	7.4514	2.10007
			17.0648	7.56212	2.08852
			17.0681	7.68129	2.08178

Tabel 6.2. Coordonatele butucului pentru noul rotor

X	Y	Z
4.45845	0	10
4.45845	0	9.24083
4.45845	0	8.48167
4.45845	0	7.7225
4.45845	0	6.96333
4.45845	0	6.20417
4.45845	0	5.445
4.85779	0	4.69418
5.33746	0	3.96946
5.89508	0	3.28329
6.52574	0	2.64783
7.22205	0	2.07432
7.97439	0	1.57244
8.77136	0	1.14982
9.6003	0	0.81161
10.448	0	0.56031
11.3014	0	0.39579
12.148	0	0.31547
12.7436	0	0.28679
13.3393	0	0.25811
13.9349	0	0.22943
14.5305	0	0.20075
15.1262	0	0.17207
15.7218	0	0.14339
16.3175	0	0.11471
16.9131	0	0.08604
17.5087	0	0.05736
18.1044	0	0.02868
18.7	0	0
19.75	0	0
20.8	0	0
21.85	0	0
22.9	0	0
23.95	0	0
25	0	0

Anexă – Importul curbelor pentru realizarea paletelor de turbomotor - Stator înclinat pentru turboventilator -

În aceasta secţiune se prezintă un exemplu de utilizare a funcţiei **Loft** pentru generarea unei palete de stator aparţinând ventilatorului unui motor turboreactor cu dublu flux. Brevetul european *EP 1921263 A2* descrie – prin coordonatele punctelor de pe suprafaţa paletei – în totalitate geometria activă a statorului.

Fig. 1 – Curba secţiunii paletei importată (sus) şi schiţa generată pe baza importului de coordinate pentru secţiunea anterioară (jos)

Inserarea directă a curbelor prin coordonate nu permite realizarea de curbe închise deoarece acestea necesită repetarea unuia dintre puncte (capul de pornire al curbei trebuie să coincidă cu cel de închidere). Pentru a închide totuşi contururile profilelor putem folosi un segment de dreaptă intr-o regiune care fie are dimensiuni reduse (punctele sunt apropiate) fie curbura profilului este foarte scăzută (cum este cazul în Fig.1).

Coordonatele trebuie aranjate astfel încât punctul de start şi de stop să cadă pe cat posibil deasupra punctelor omoloage aparţinând secţiunilor imediat învecinate.

Folosind comanda **Convert** într-o schiţa 3D putem transforma curba importată într-o schiţă de lucru în care să putem adăuga segmentul de dreaptă ce închide profilul.

Pentru a evita eventualele erori de reconstrucţie, putem folosi **Surface Loft (Insert – Surface – Loft**) în locul funcţiei care creează solide (**Insert – Features – Loft**). Aceasta pentru că prima este mai permisivă şi suportă geometrii mai complicate.

La acest moment, suprafaţa creată nu închide un solid, prin urmare geometria nu poate fi folosită pentru calcule de rezistenţă mecanică sau vibraţii. Dacă se doreşte o asemenea analiză (precum şi pentru analize de tip Fluid-Structure Interaction) se poate apela comanda **Fill (Insert – Surface Fill**) pentru profilele de vârf şi bază ale paletei iar apoi, folosind funcţia **Knit (Insert – Surface – Knit)** având bifată opţiunea ***try to create solid*** se poate genera corpul plin al paletei.

În Fig. 2 este prezentat corpul paletei final şi în vedere secţionată.

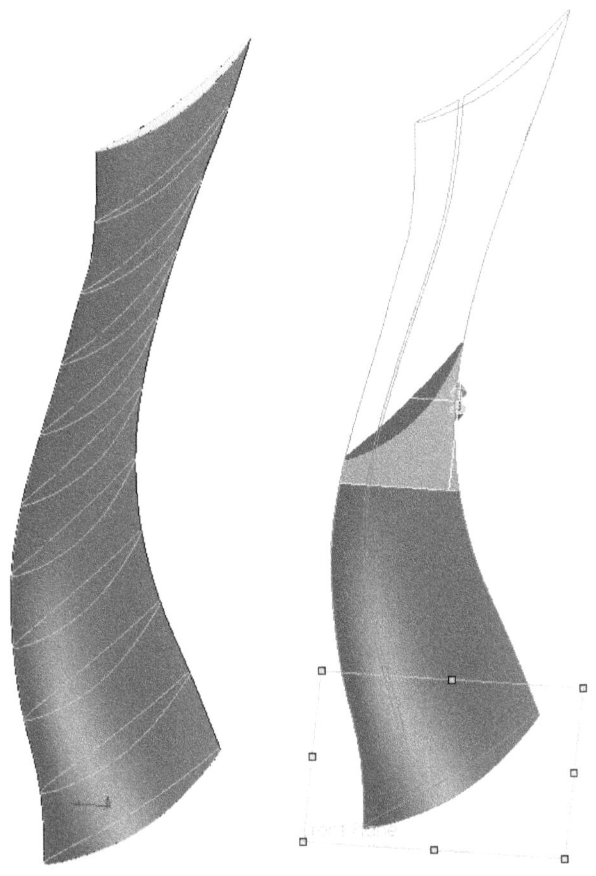

Fig. 2 – Suprafaţa activă a solidului generat

Cap.VIII - Cameră de amestec lobulară simplă

- Folosind Tabele de Proiectare şi Ecuaţii -

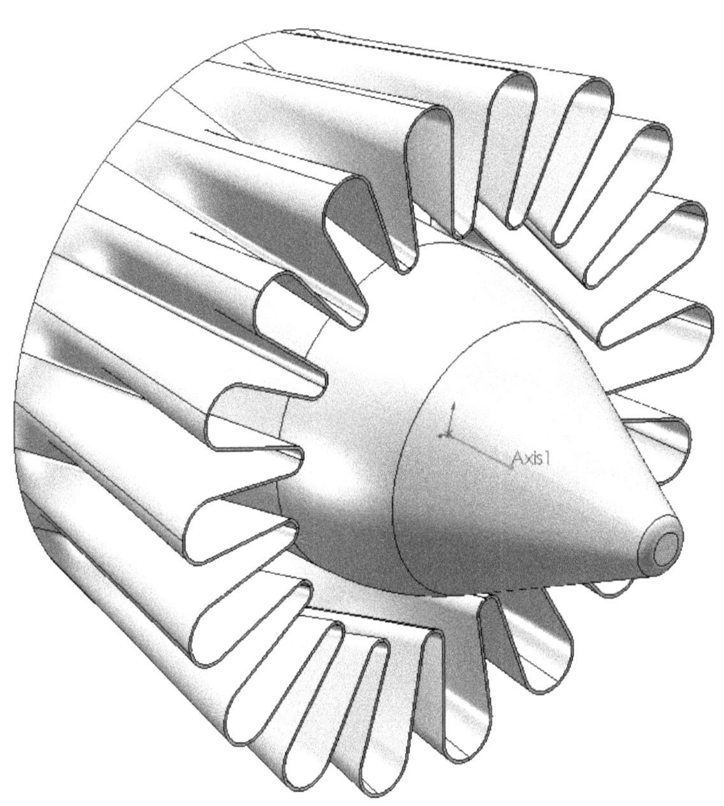

Cap.VII - Cameră de amestec lobulară simplă

Turbomotoarele moderne de aviaţie – cu precădere civile, dar şi cele militare – folosesc o arhitectură de tip dublu-flux. Prin aceasta înţelegându-se cuplarea un paralel a două compresoare, unul poli-etajat pentru comprimarea fluidului de lucru (aerul aspirat) iar celalalt pentru suplimentarea forţei de propulsie prin antrenarea unui debit mare de fluid de propulsie (care de regulă nu este folosit în procese de combustie). În funcţie de misiunea pentru care este conceput sistemul de propulsie, turbomotoarele pot avea un factor de dublu-flux (raportul dintre debitul secundar şi cel primar) mai mare sau mai mic, în cazul din urma factorul de dublu-flux este numit şi “de diluţie”. Diluţia presupune amestecul a cel puţin două fluide, în cazul de faţă fluidele din fluxul primar şi cel din fluxul secundar. Termodinamic vorbind, amestecul celor două fluxuri poate conduce la creşterea forţei de propulsie cu până la 3%, existând însa un punct de optimum care limitează aceasta creştere până la turbomotoare cu factor de diluţie k<4:1.

Capitolul de faţă prezintă procesul de modelare tridimensională pentru un asemenea dispozitiv de amestec, având construcţie lobată simplă. Deoarece geometria în cauză trebuie să se preteze mai multor cazuri cu parametri diferiţi (diametre, număr de lobi, racordări etc.), se prezintă o metodă de automatizare a desenului prin tabele de proiectare precum şi o modalitate de introducere a unui meniu de proiectare.

1.Schiţarea şi denumirea parametrilor semi-lobului de bază	2.Schiţarea şi constrângerea sectorului ajutajului cilindric
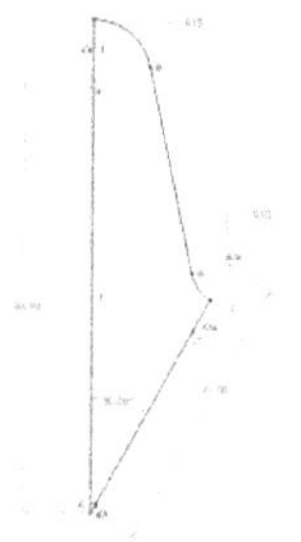	
3.Formarea semi-lobului 3D	4.Formarea lobului complet
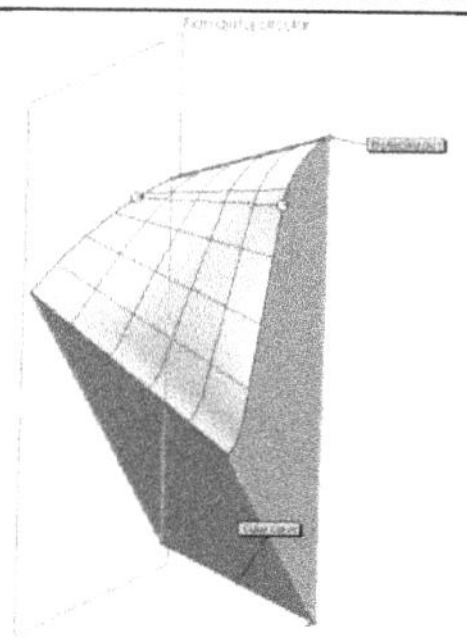	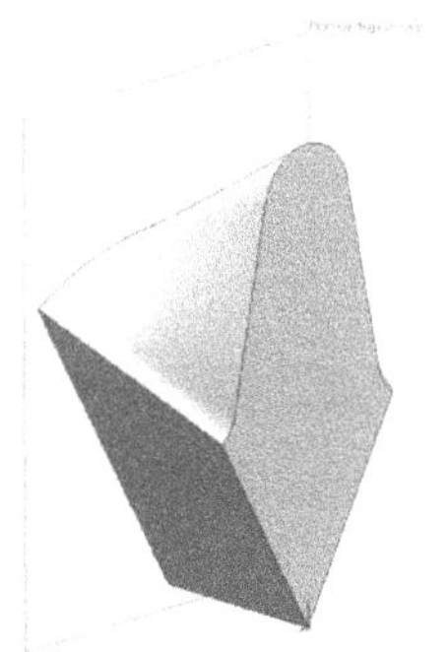
5.Folosirea funcţiei Shell	6.Alcătuirea completă a dispozitivului de amestec
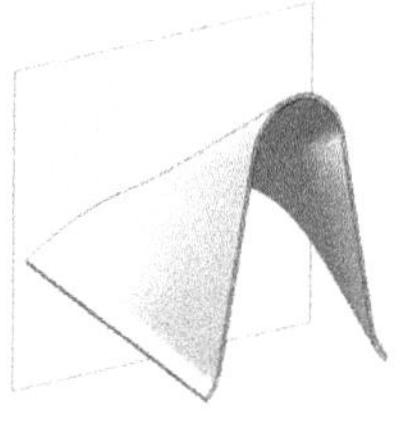	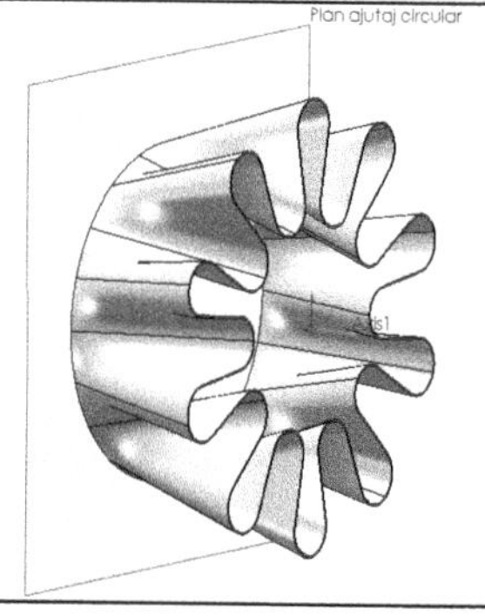

1. Realizarea schiţei lobului

În planul frontal iniţializăm o schiţă bidimensională care va servi la definirea secţiunii de evacuare (lobulară). Schiţa trebuie să aibă forma generică descrisă în Fig.7. 1.

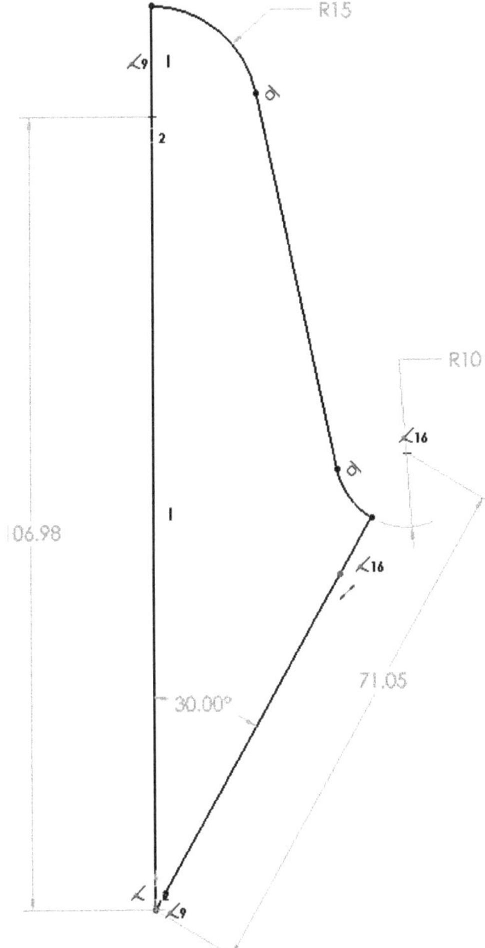

Fig.7.1 – Parametrii şi constrângerile care definesc secţiunea lobului dispozitivului de amestec

Schiţarea începe prin plasarea a două cercuri de raze oarecare în schiţa plană Fig.7.2 a. Apoi, impunând constrângerea de tangenţialitate, trasăm o dreaptă între contururile celor două cercuri Fig.7. 2b (constrângerea va fi marcată automat cu simbolul specific). Folosind funcţia **trim** tăiem părţile care nu ne interesează Fig.7.2c. Pentru a putea edita unghiul la vârf al lobului şi a menţine în acelaşi timp condiţia de simetrie pe partea inferioară, linia oblică trebuie refăcută din două segmente Fig.7.2 d.

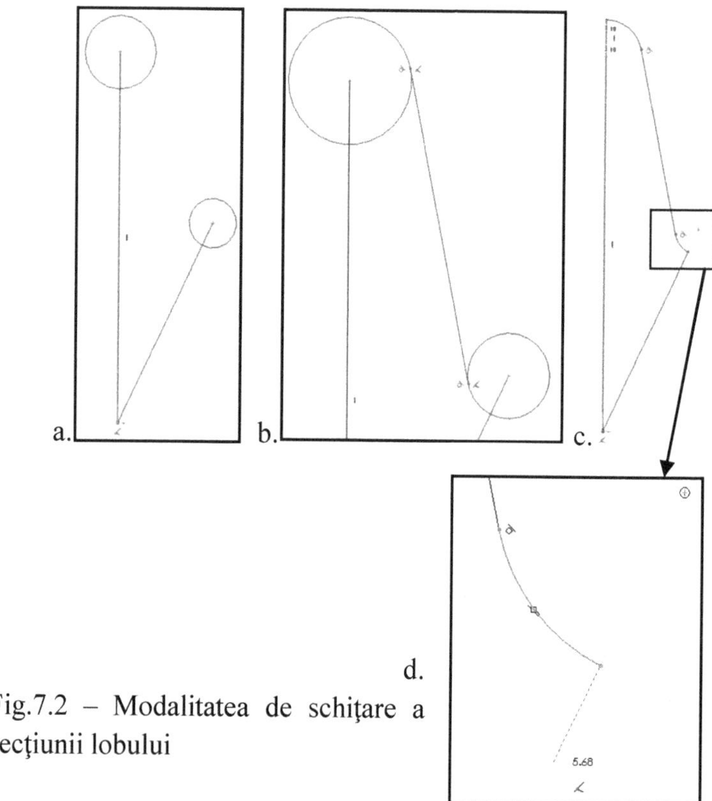

Fig.7.2 – Modalitatea de schiţare a secţiunii lobului

După completarea cu cel de-al doilea segment, se poate trece la cotarea schiţei. Cotarea se poate face în diverse maniere însă, pentru scopurile noastre, vom alege cotarea din Fig.7.1.

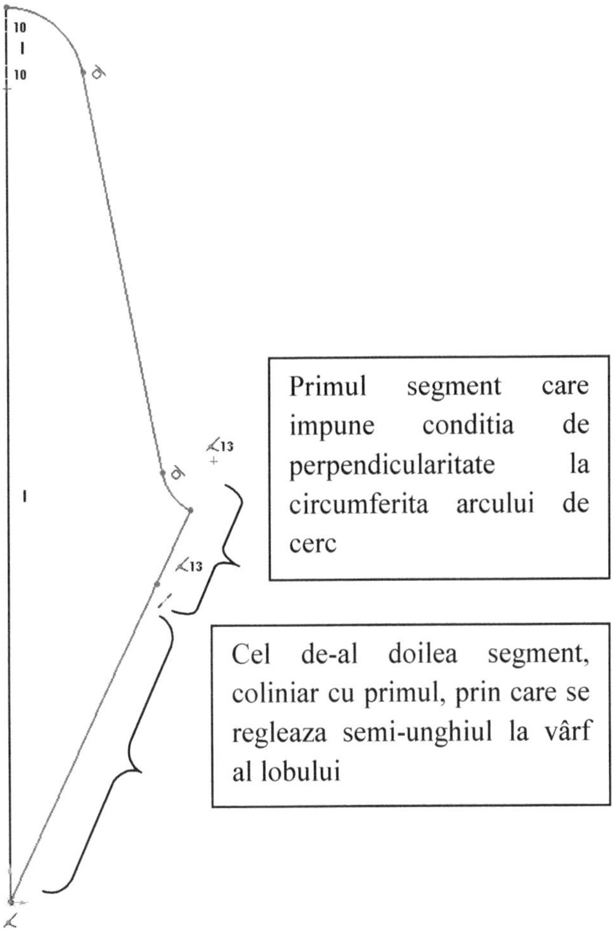

Fig.7.3 – Descrierea funcţională a celor două segmente care taie partea inferioară a lobului

Într-un plan paralel cu planul frontal începem schiţarea sectorului corespunzător ajutajului circular. Aceasta schiţă este definită prin restricţiile de unghi (deschiderea trebuind sa fie identică celei din prima schiţă) şi de rază (care poate avea o valoare arbitrară).

Pentru că schiţa lobului permite acest lucru, panta segmentului oblic va fi definită prin constrângerea unuia dintre capete în extremitatea inferioară a lobului iar cel de-al doilea punct va fi ales în originea sistemului de axe.

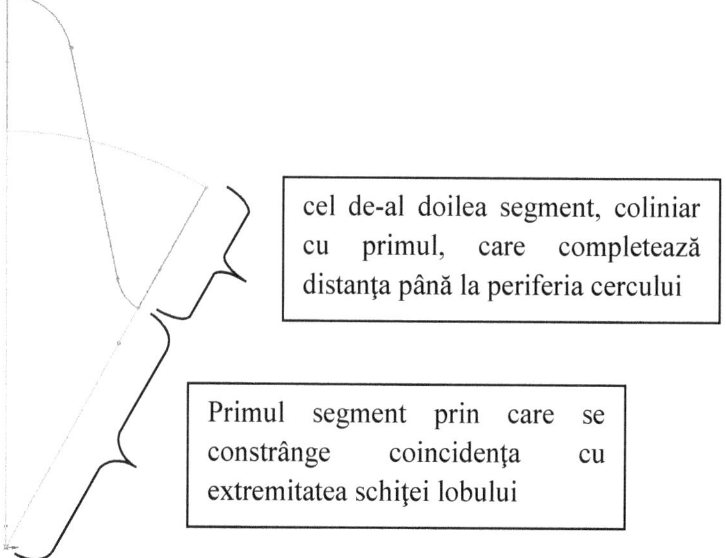

Fig.7.4 – Sectorul circular corespunzător ieşirii din ajutaj.

Este foarte util să editam numele constrângerilor (click dreapta pe cotă – **Properties - Name**) pentru a putea ulterior intabula parametrii în tabelul de proiectare (acesta însă permiţând şi modificarea ulterioara a numelor direct în tabel).

2. Realizarea primului lob

Pasul următor este de a impune ghidaje pentru funcţia **Loft** ce va fi aplicată între cele două secţiuni. Deoarece camera de amestec este una simplă, liniile de ghidaj vor fi segmente de dreaptă. Acestea pot fi realizate – pentru mai multă economie de spaţiu – într-o singură schiţa 3D după cum se vede mai jos.

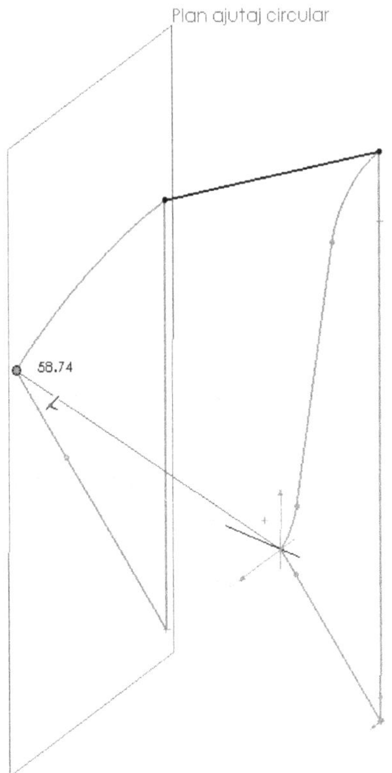

Fig.7.5 – Schiţarea 3D a liniilor directoare pentru operaţiunea de **loft**

Ulterior realizării **loft**-ului se obţine un corp cu forma din figura de mai jos.

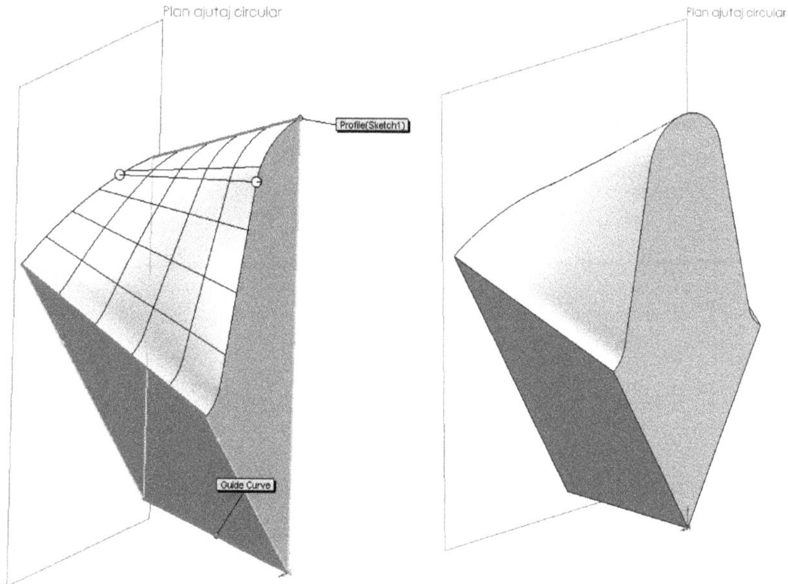

Fig.7. 6 – Semi-lobul solid 3D (stânga) şi lobul întreg după operaţiunea de oglindire (dreapta)

Deoarece se doreşte folosirea unui şablon circular este necesară realizarea unui lob întreg ceea ce presupune o operaţiune de oglindire (**Features – Mirror**) a corpului având ca plan de simetrie unul dintre planurile laterale ale semi-lobului.

3. Obţinerea lobului în varianta finală

Următorul pas este transformarea corpului "plin" al dispozitivului de amestec într-o formă subţire cu grosime controlată. Se va folosi funcţia **Shell (Insert – Features – Shell)** şi, selectând feţele pe care dorim să le eliminăm, se obţine forma subţire a elementului lobular.

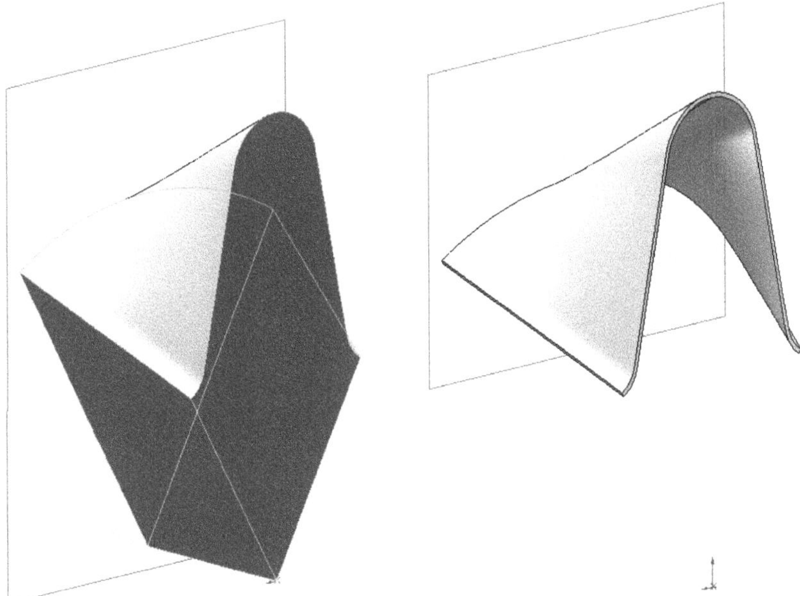

Fig.7.7 – Feţele eliminate de funcţia **Shell** (stânga) şi elementul rezultat (dreapta)

4. Realizarea şi editarea dispozitivului de amestec

În planul orizontal, din vederea de sus trasăm un segment de dreaptă în lungul axei Oz iar apoi inserăm, coliniar cu el, o axă de rotaţie prin comanda **Features – Reference Geometry – Axis**.

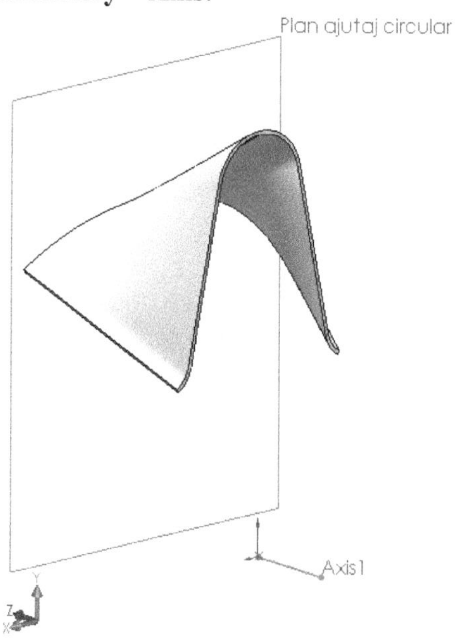

Fig.7.8 – Axa de rotaţie pentru tiparul circular, pornind din originea sistemului de referinţă şi fiind colineară cu axa Oz

Se poate acum închide geometria prin introducerea unui tipar circular (**Insert – Pattern – Circular Pattern**) în jurul axei create şi selectând ca opţiune pentru tipar corpul lobului (varianta **Bodies to pattern**).

După finalizarea tiparului circular, putem insera un tabel de proiectare (**Insert – Design Table**) care va intabula parametrii modelului, de la schiţe până la dimensiunile şi proprietăţile funcţiilor folosite pentru definirea modelului. Tabelul de mai jos redă parametrii editabili ai modelului.

Tabel 7.1 – Lista parametrilor pentru dispozitivul de amestec

	raza lob varf@Sketch1	raza lob baza@Sketch1	Inaltime lob superior@Sketch1	Inaltime centru lob baza@Sketch1	semiunghi@Sketch1	D1@Plan ajutaj circular	raza ajutaj circular@Sketch2	c	D3@CirPattern4	D1@CirPattern4
Valori	15	10	107	71	18	50	92	1	360	10

Semnificaţia parametrilor variabili (care nu au denumiri intuitive) este :

D1@Plan ajutaj circular – distanta dintre planul ajutajului circular şi cel al schiţei cu lobii dispozitivului

c - grosimea (măsurată către exterior) a dispozitivului de amestec

D3@CirPattern4 - unghiul total acoperit de tiparul circular (va rămâne invariabil 360°)

D1@CirPattern4 - numărul n al lobilor dispozitivului de amestec; necesită corelarea cu semi-unghiul α al lobului, prin relaţia

$$\alpha = \frac{360}{2n} \tag{7.1}$$

Aceasta relaţie matematică va fi introdusă ca **Ecuatie** (***Equation***). Deschidem schiţa lobului pentru a o edita (click dreapta – **edit sketch**), apoi introducem o relaţie matematică (**Tools – Equation – Add**), selectând cu click direct pe cote, le putem introduce în formula de calcul. Aceasta ar trebui să aibă sintaxa (folosind denumirile din acest capitol):

"semiunghi@Sketch1" = 360/(2*"D1@CirPattern4")

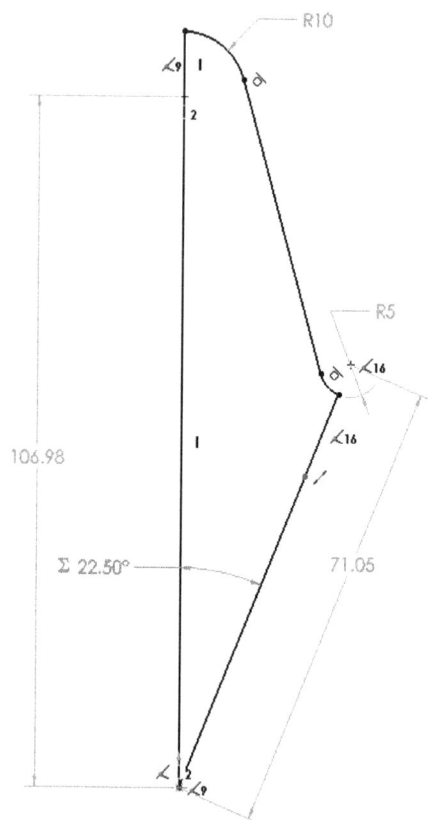

Fig.7.9 – Se observă marcarea relaţiei matematice dintre cei doi parametri prin simbolul Σ.

Odată salvat tabelul de proiectare el poate fi editat (click dreapta – Edit) pentru a varia geometria după nevoia utilizatorului.

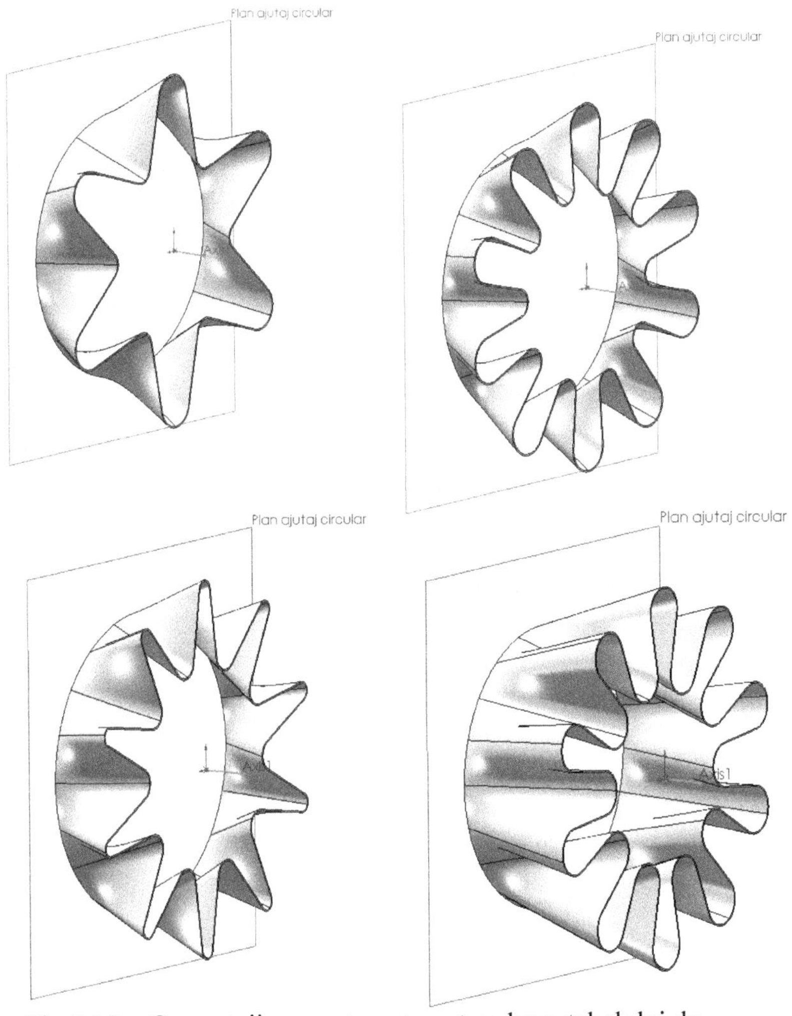

Fig.7.10 – Geometrii generate automat pe baza tabelului de proiectare

5. Folosirea formelor prestabilite

O alternativă pentru redenumirea cotelor este introducerea lor ca variabile (dublu click pe cotă - **Link Values**).

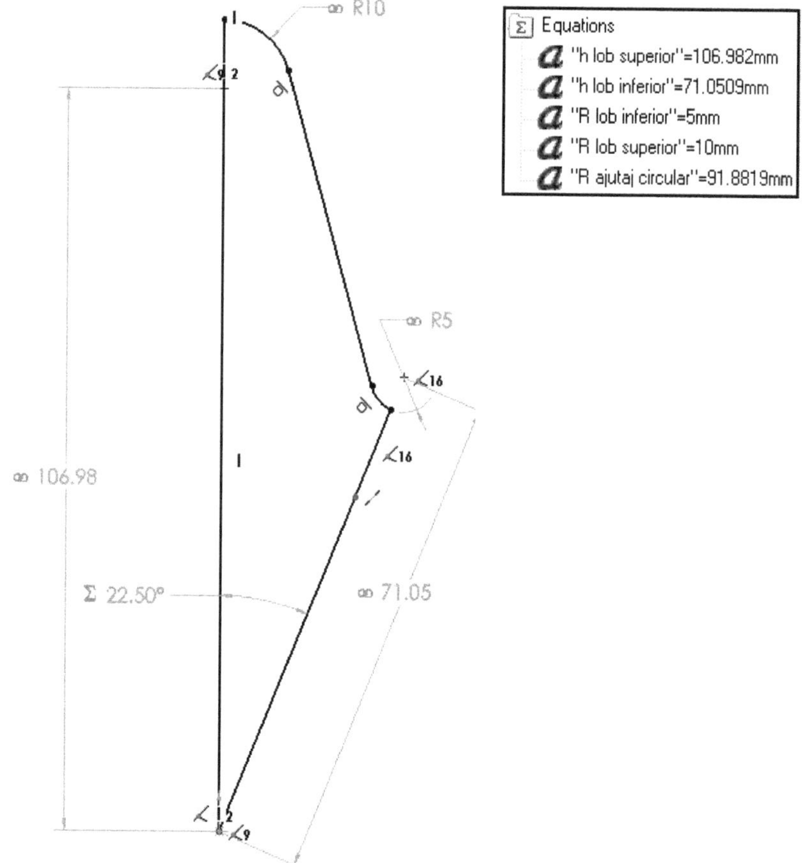

Fig.7.11 – Schiţa semi-lobului cu variabilele definite, marcarea lor se face prin simbolul ∞

Trebuie punctat şi faptul că introducerea variabilelor nu este legata neapărat de cote, acestea putând să capete notaţii abstracte. Introducerea variabilelor care nu reprezintă propriu-zis nici o dimensiune geometrică se face în meniul de inserare a ecuaţiilor prin formularea:

X = 147 ' variabila abstractă

unde X este variabila, 147 este valoarea ei (adimensională) iar textul de după apostrof este comentariul utilizatorului

Dacă se doreşte introducerea în baza de date a programului (click dreapta pe **Configuration Manager – Add to Library**) putem salva part-ul sub denumirea "*Mixer MTR DF am*" pentru a îl putea identifica ulterior mai uşor. Obţinerea mai multor configuraţii diferite poate fi realizată prin simpla introducere în tabelul de proiectare a altor noi intrări (linii în care sunt scrişi parametrii geometrici ai configuraţiei respective). În plus, la versiunile mai noi ale pachetului *SolidWorks*, există posibilitatea introducerii unui meniu în care parametrii geometrici să poată fi modificaţi fără a necesita deschiderea tabelului de proiectare. Acest lucru poate fi realizat relativ simplu (click dreapta pe part – **Create Property Manager)** apoi, în meniul care se deschide, selectăm parametrii pe care dorim să îi editam (**Enabled**), pe cei pe care dorim sa îi ascundem (**Hidden**), precum şi valorile de raportare/referinţă (**Reference**). Meniul permite de asemenea şi schimbarea ordinii în care parametrii sunt aranjaţi precum şi alegerea unor denumiri sub care aceştia sunt afişaţi (**Label**).

Cap.VIII - Dispozitiv de amestecare festonat pentru turboreactoare cu dublu-flux

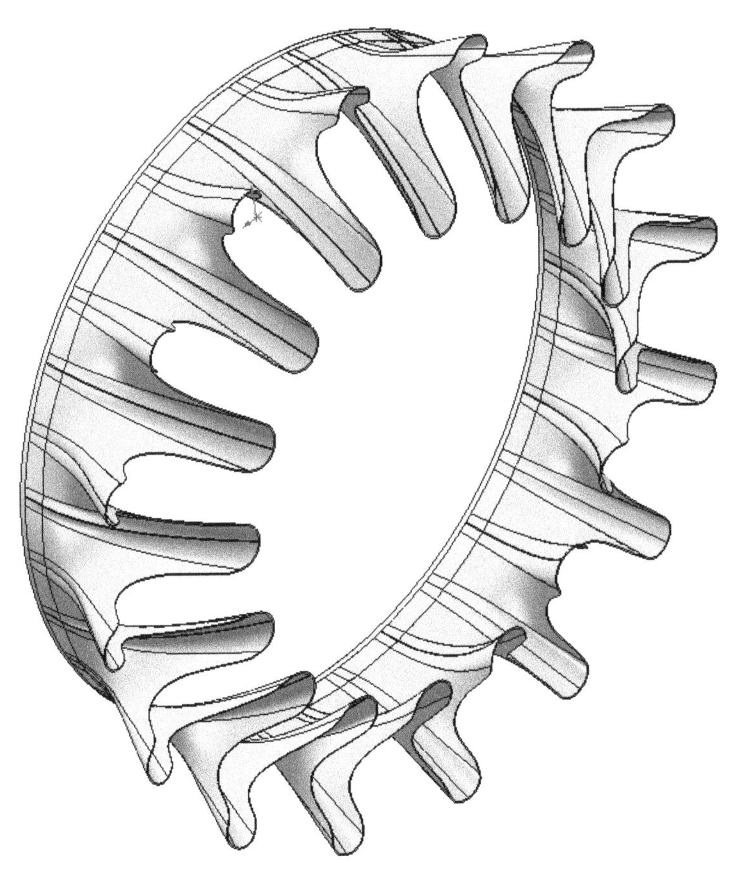

Cap. VIII - Dispozitiv de amestec festonat pentru turboreactoare cu dublu-flux

Acest capitol tratează modelarea geometrică a unui dispozitiv de amestec mai complex decât cel prezentat în capitolul precedent. Dispozitivele festonate (*scallopped*) reprezintă practic cea mai avansată tipologie existentă în industria aeronautică la ora actuală. Principalul scop al capitolului este prezentarea unui mod de a obţine geometria finală dar, deoarece diferenţele dintre modelul prezentat anterior şi cel de faţă nu sunt deosebit de complexe, am urmărit şi un scop secundar. Acest al doilea scop este de a prelua o geometrie descrisă fără a avea cote şi de a o reproduce intr-un mod cât mai fidel cu putinţă pentru a o studia din punct de vedere ingineresc. Geometria este complet descrisă în brevetul *US 20110126512*.

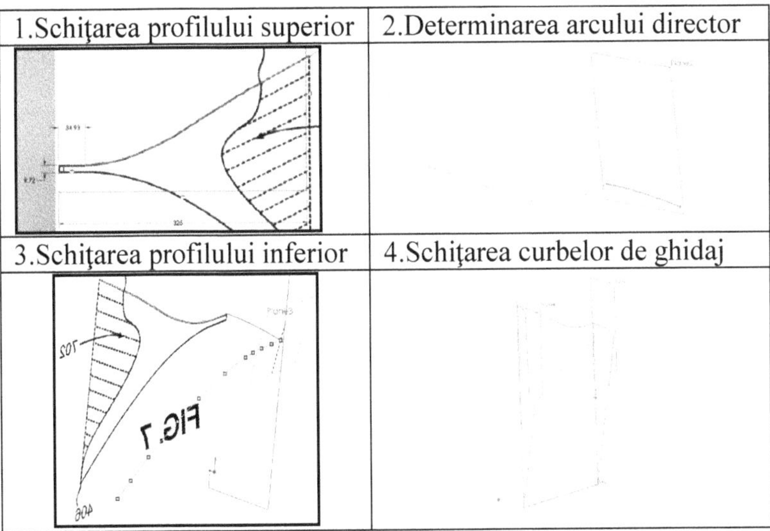

1.Schiţarea profilului superior	2.Determinarea arcului director
3.Schiţarea profilului inferior	4.Schiţarea curbelor de ghidaj

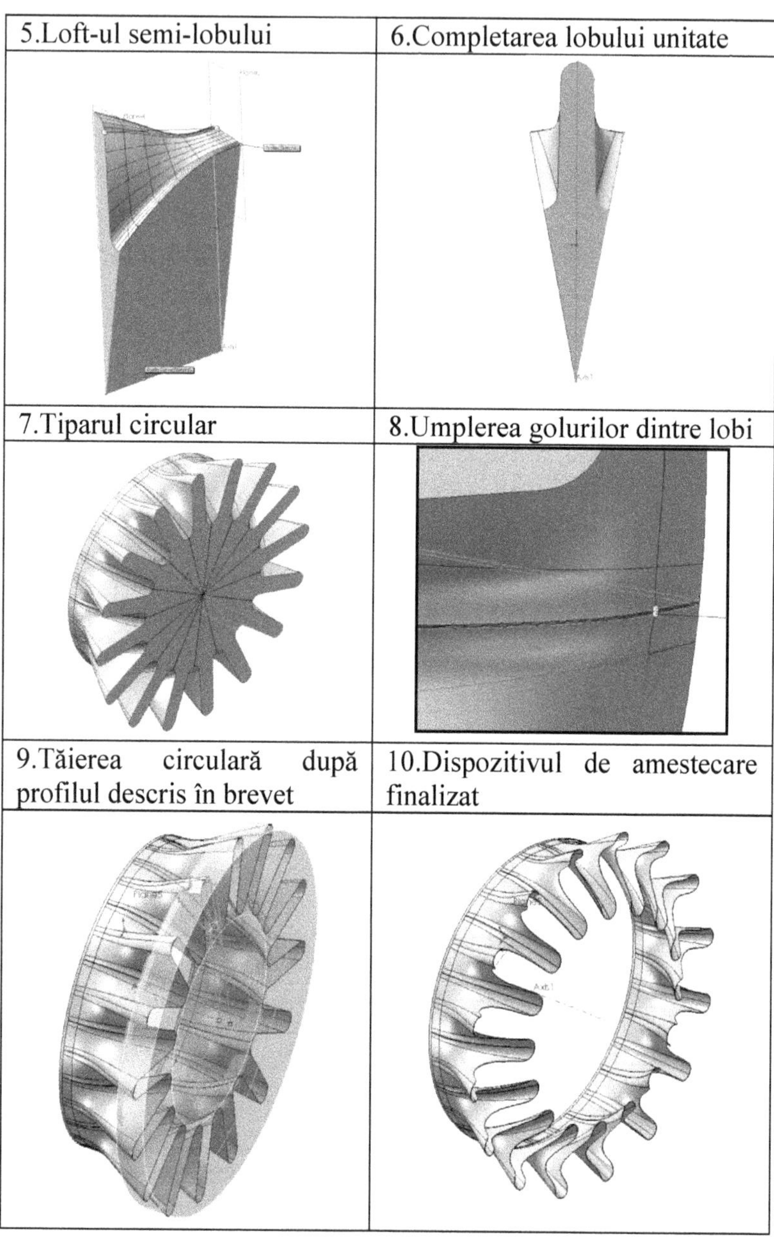

5.Loft-ul semi-lobului	6.Completarea lobului unitate
7.Tiparul circular	8.Umplerea golurilor dintre lobi
9.Tăierea circulară după profilul descris în brevet	10.Dispozitivul de amestecare finalizat

1. Trasarea primei curbe directoare

Într-o prima etapă se va prelua imaginea 7 din brevetul *Honeywell* pentru camere de amestec (*US 20110126512*) în care se observă curbele directoare pentru trecerea din secţiunea circulară către cea lobulară, Fig.8.1.

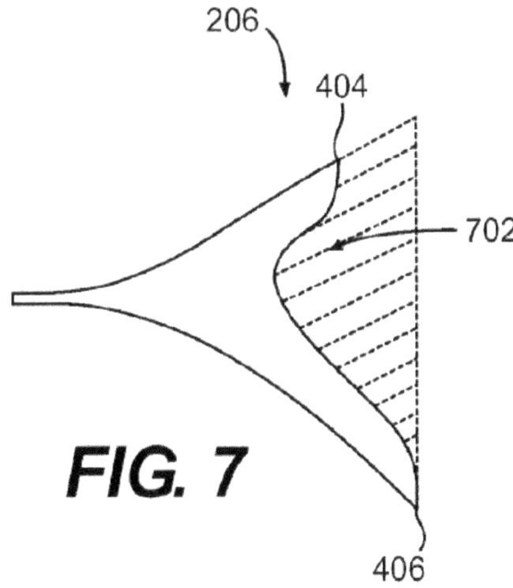

Fig.8.1. Se observă diferenţa de nivel dintre cele două curbe directoare, diferenţa dată de faptul că fiecare curbă aparţine de locaţii angulare diferite de-a lungul circumferinţei secţiunii circulare (*US 20110126512*)

O informaţie suplimentară oferită de Fig.8.1 se referă la festonarea (en. *scallopping*) lobilor odată ce aceştia au fost creaţi – porţiunea haşurată reprezentând secţiunea cu care va fi tăiat dispozitivul de amestec.

Operaţiunile necesare sunt iniţierea unei schiţe plane (selectam planul stâng) apoi **Sketch.** Selectăm apoi din meniul **Tools – Sketch tools – Sketch picture**. Astfel se poate insera o imagine pentru a servi la ghidarea utilizatorului în procesul de schiţare.

Aceasta tehnică însă nu este una deosebit de riguroasă ci este mai degrabă un instrument de digitizare (transpunere în format vectorial) a unui desen sau schiţă de mână. Ea mai poate fi folosită şi ca metodă pentru proiectare inversă (*reverse engineering*) însă vor exista în mod inerent diferenţe între modelul iniţial şi cel copiat.

Folosind câte o curbă spline putem trasa curbele directoare, acestea însă trebuie să aparţină de plane diferite (deoarece ghidează **loft**-ul în locuri diferite ale modelului).

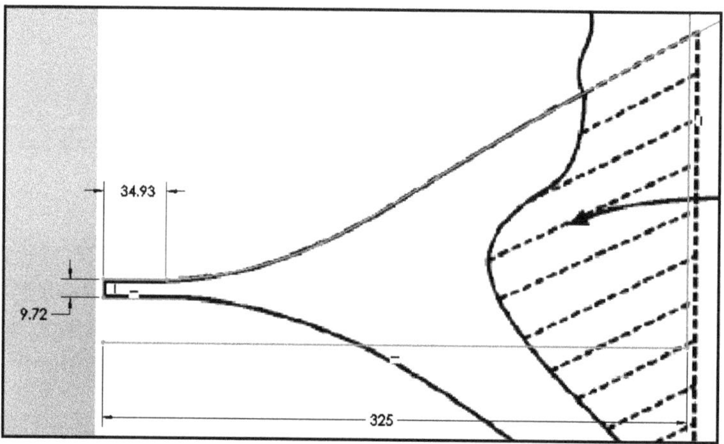

Fig.8.2 – Schiţa primei curbe directoare înainte de **trim**

Este recomandabil ca, în situaţii în care două curbe schiţate individual trebuie să aibă proiecţia orizontală cu lungime egală, utilizatorul să îşi fixeze o serie de repere, fie distanţe fie coordonate spaţiale.

De asemenea este bine ca schiţarea curbelor să nu fie făcută direct în schiţa în care s-a inserat imaginea (fotografie/schiţa de mână) pentru ca acesta să poată fi eliminată (ascunsă/ştearsă) atunci când si-a îndeplinit scopul. Schiţa se poate ascunde pentru moment (click dreapta în **Feature Manager Design Tree – Hide**)

2. Trasarea celei de-a doua curbe directoare

Cea de-a doua curbă directoare va fi realizată după introducerea unui arc de cerc (parte a generatoarei secţiunii circulare a ajutajului). Pentru aceasta se introduce un nou plan de referinţă, paralel cu planul frontal, tangent la prima curbă directoare în punctul dinspre secţiunea circulară. Deoarece cunoaştem că dispozitivul de amestec are n=16 lobi, putem calcula unghiul subîntins de arcul de cerc prin relaţia

$$\alpha = \frac{360}{2n} \tag{8.1}$$

care, în cazul de faţă, conduce la θ = 11.25°.

Deoarece o rezolvare grafică ar necesita o construcţie destul de complicată şi lungă (exceptând varianta în care folosim funcţia **Equation**), putem calcula matematic raza arcului de cerc pentru a scurta timpul de operare.

$$R = \frac{h}{1-\cos(\theta)} \tag{8.2}$$

Astfel, raza relativă (care va trebui scalată odată ce modelul 3D va fi terminat) este R ≈ 505.8622 [mm].

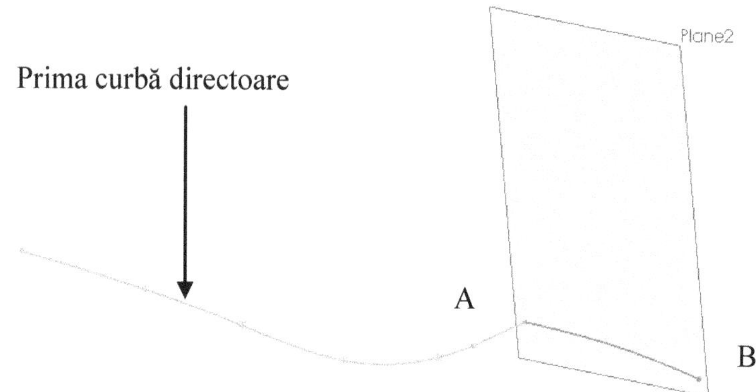

Fig.8.3 – Prima curbă directoare şi arcul generator.

Pentru schiţarea propriu-zisă a celei de-a doua curbe directoare va trebui să re-activam schiţa cu imaginea preluată din brevet (click dreapta – **show**). Apoi vom introduce încă un plan de referinţă, normal la arcul de cerc schiţat mai înainte şi tangent cu acesta în punctul B (**Features – Reference Geometry – Reference Plane –** ***normal to curve*****).**

Trebuie făcută observaţia că planul de schiţare în acest caz este diferit de cel de vizualizare pentru că imaginea de care dispunem (din brevet) este o vedere. Cu alte cuvinte, cea de-a doua curbă directoare nu este reprezentată în planul său, figura 8.1 prezentând în realitate doar o proiecţie (la θ = 11.25°) pe planul primei curbe directoare (în cazul de faţă planul stâng). Acestea fiind spuse, vom iniţializa schiţarea 2D în planul 3, vom selecta (folosindu-ne de alinierea automată **snap**) ca origine punctul B apoi, din meniul de vizualizare vom alege planul stâng şi vom realiza schiţarea celei de-a doua curbe directoare folosind desenul din brevet.

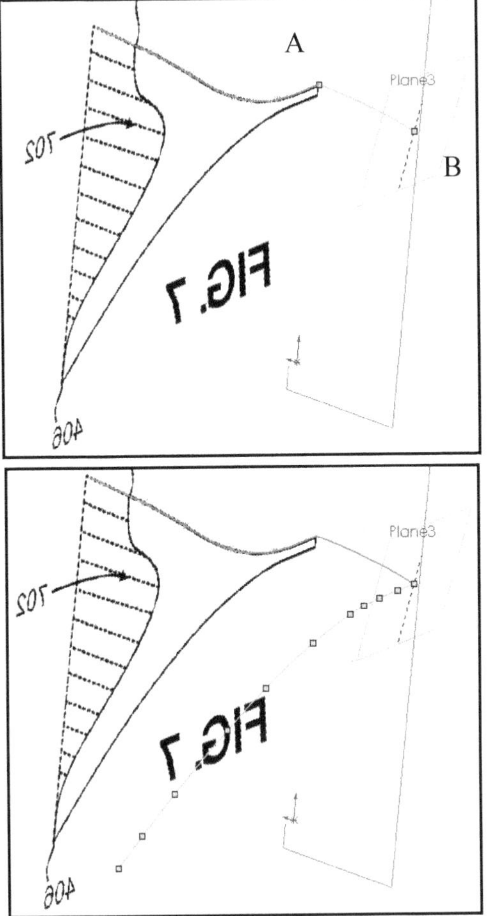

Fig.8.4 – Planul 3 care conţine cea de-a doua curbă directoare (sus) şi curba finală trasată (jos).

Este de preferat ca lungimile proiecţiilor celor două curbe să fie identice pentru a putea realiza secţiunea lobulară într-o schiţă plană (nu una 3D). Pentru aceasta se poate folosi funcţia **trim** în timpul schiţării.

3. Trasarea conturului secţiunii lobulare

Brevetul citat descrie o metodă proprie de trasare a curbelor lobilor (optimizată din punct de vedere gazodinamic), coordonatele punctelor fiind descrise de trei ecuaţii) însă, pentru scopurile acestui capitol, vom folosi o metodă mai simplă de trasare a unor lobi circulari.

Se începe prin generarea unui nou plan de referinţă, paralel cu planul frontal şi tangent la una din curbele directoare în extremitatea dreaptă a acesteia, punctul C (sau D) din Fig.8.5.

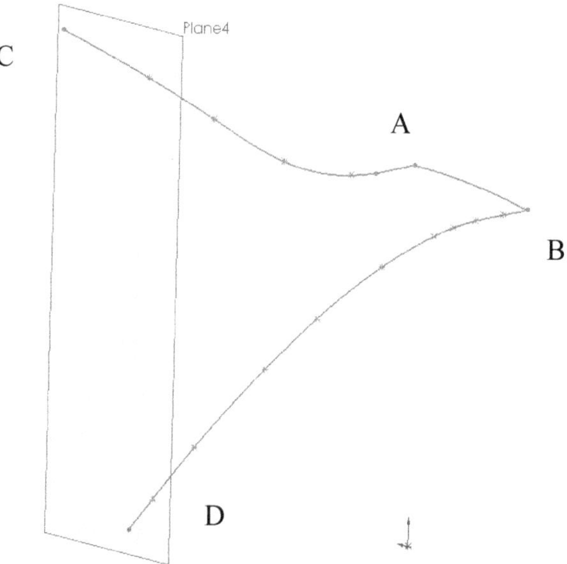

Fig.8.5 – Planul secţiunii lobulare

În virtutea faptului că proiecţiile celor două curbe directoare au lungimi egale, punctele C şi D sunt coplanare şi conţinute în planul de referinţa 4.

După iniţializarea unei schiţe 2D în planul 4 se poate trece pe vederea axonometrică şi introduce două cercuri cu centrele în C şi D ale căror centre vor servi ca repere pentru schiţarea lobilor.

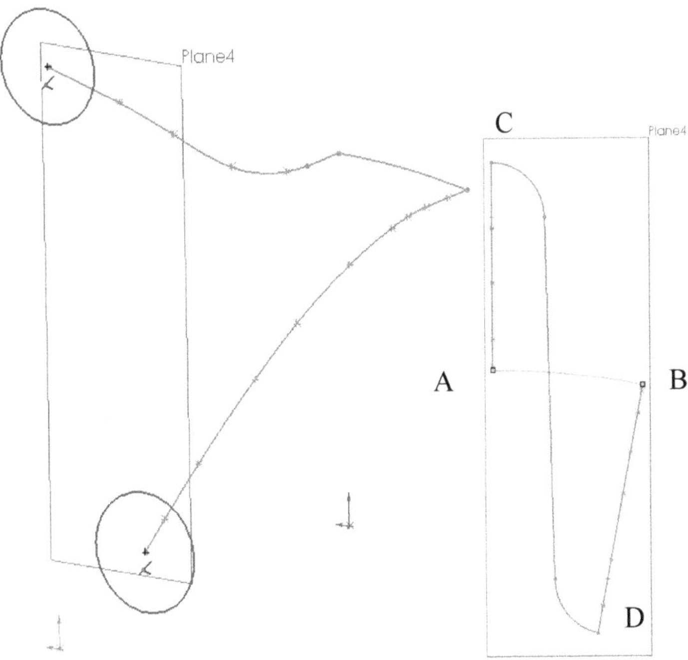

Fig.8.6 – Cercurile de reper în vedere axonometrică (stânga) şi semi-lobul camerei în vedere frontală (dreapta).

4. Realizarea corpului primului semi-lob

Pentru a folosi comanda loft între cele două secţiuni (circulară şi lobulară) trebuie ca acestea să fie descrise de contururi închise. Aceste contururi vor avea ca parte comună "miezul" camerei de amestec – în esenţă un sector circular după cum se observă în Fig.8.7.

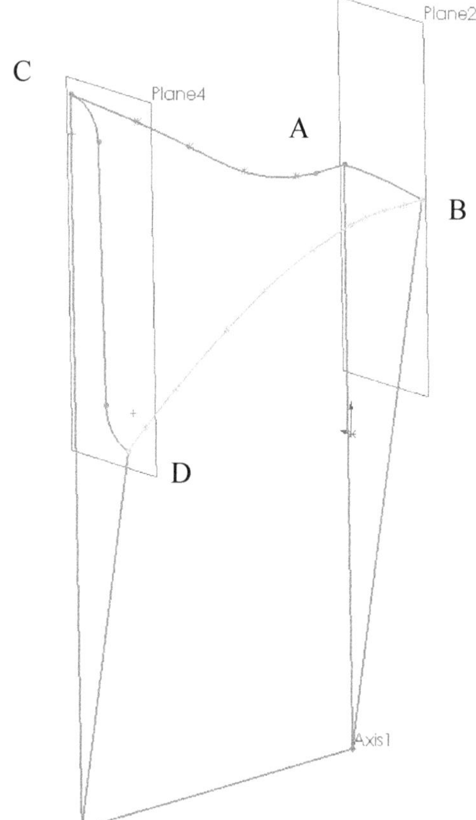

Fig.8.7 – Contururile finale ale semi-lobului înainte de construcţia tridimensională a acestuia.

Tot în Fig.8.7 se observă o a treia curbă directoare, aceasta îndeplineşte două roluri, acela de a asigura geometria 3D a semi-lobului şi acela de a servi ca reper pentru axa în jurul căreia va fi realizat corpul final al camerei de amestec. Imediat după realizarea acestei curbe este recomandată şi introducerea axei de referinţă (**Features – Reference Geometry – Axis**).

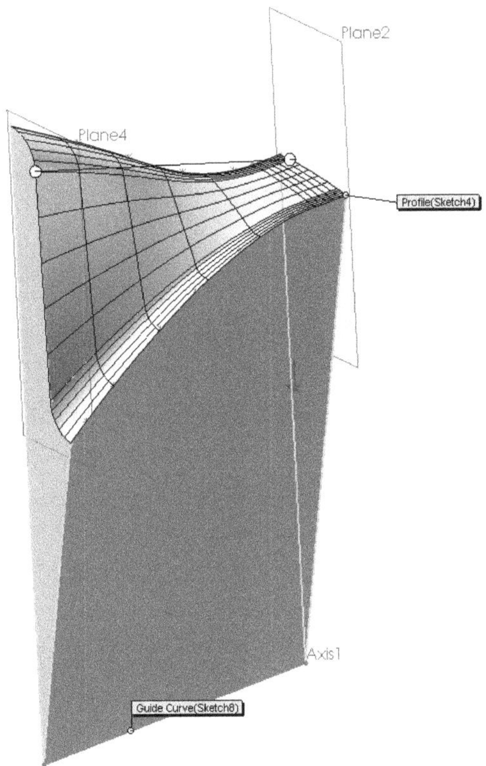

Fig.8.8 – Procesul de realizare 3D a semi-lobului prin comandă **Loft** folosind cele trei curbe directoare şi cele două schiţe generatoare

5. Realizarea primului lob complet

Deoarece corpul geometric generat până acum este plan simetric, pentru realizarea finală a camerei de amestec este necesară operaţiunea de oglindire (**Features – Mirror**). Aceasta poate avea ca plan de simetrie atât planul de referinţă 3 (care conţine partea inferioară a semi-lobului) cât şi – mai intuitiv – planul stâng (care conţine partea superioară a acestuia).

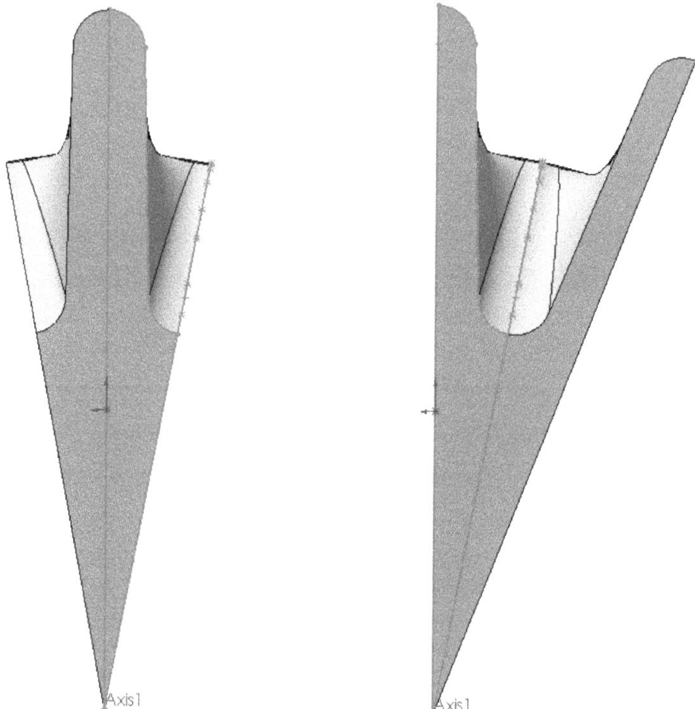

Fig.8.9 – Realizarea elementului lobular prin comanda **Mirror** luând ca plan de simetrie planul stâng (stânga) sau planul de referinţă 3 (dreapta).

6. Realizarea corpului camerei de amestec

Odată realizat corpul primului lob, este uşor de construit şi restul lobilor prin comanda **Features – Circular Pattern**, luând ca axă de simetrie axa creată la punctul 4 şi impunând condiţia ***equal spacing*** iar apoi numărul de 16 elemente şi unghiul dorit pentru şablonul circular (360°).

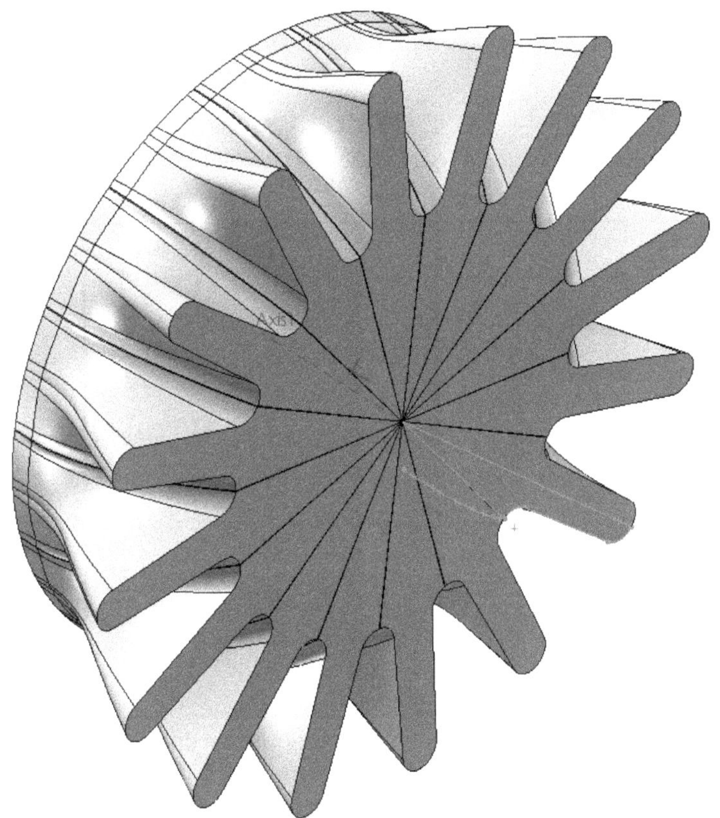

Fig.8.10 – Camera de amestec rezultată

Este de preferat ca la operatiunea **Circular Pattern** să fie selectat corpul ca entitate operatională (**bodies to pattern**) nu **surfaces** sau **features**.

Se poate observa că între lobii camerei există goluri. Aceasta deoarece centrul camerei de amestec nu a fost determinat prin construcţie geometrica ci prin calcul analitic, precizia cu care acesta a fost introdus fiind limitată. Pentru că eroarea este mică, aceasta inadvertenţă este acceptabilă (dat fiind că desenul este de fapt o reconstituire în lipsa unui desen tehnic).

La rândul lor, golurile pot fi eliminate prin comanda **loft** între feţele care îl mărginesc.

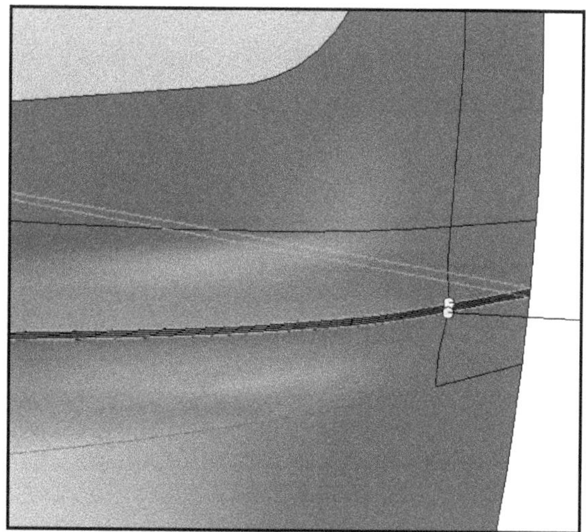

Fig.8. 11 – Detaliu cu loft-ul golurilor dintre lobi.

Corpul reparat al camerei de amestec este prezentat în Fig.8.12.

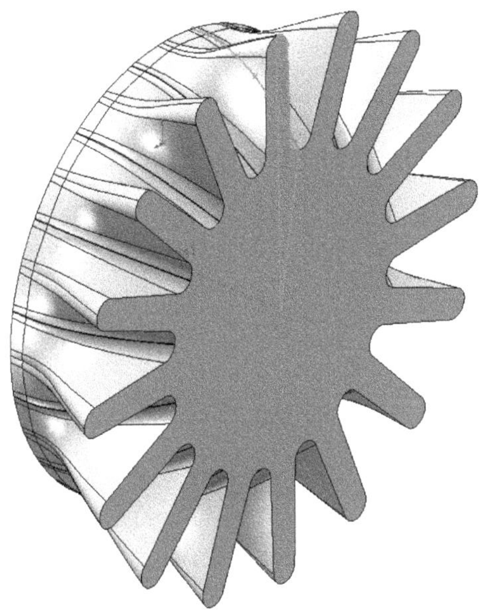

Fig.8.12 – Corpul complet al camerei de amestec.

7. Realizarea peretelui camerei de amestec

Până acum a fost realizată doar geometria "plină" a corpului camerei de amestec. Folosind comanda **Features – Shell**, acest corp plin poate fi transformat într-un dispozitiv de amestec (care este, în esenţă, un perete subţire).

Înainte de aceasta, însă, este necesară încă o operaţie de corecţie, anume corectarea circularităţii secţiunii de intrare în dispozitivul de amestec (aceasta fiind teoretic circulară). Pentru a face acest lucru putem folosi comanda **Loft** între suprafaţa anterioară a dispozitivului şi o curba circulară dintr-un plan paralel, întocmai ca în Fig.8.13.

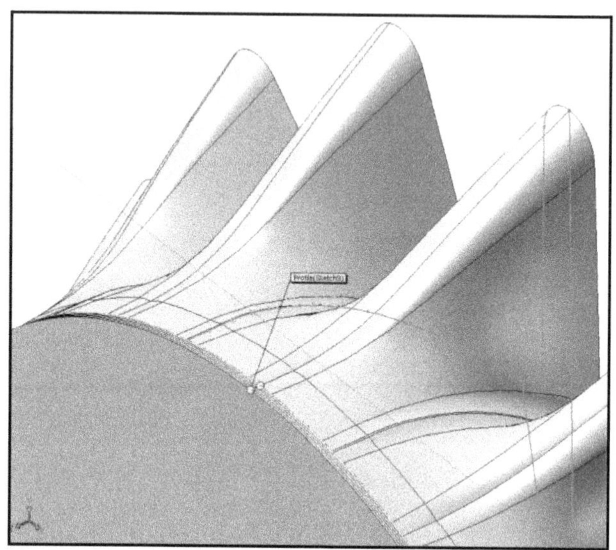

Fig.8.13 – Remedierea circularității secțiunii de intrare

La introducerea comenzii **Shell**, pentru a elimina suprafețele prin care intra/iese fluidul de lucru din turbomotor este suficient selectarea acestora.

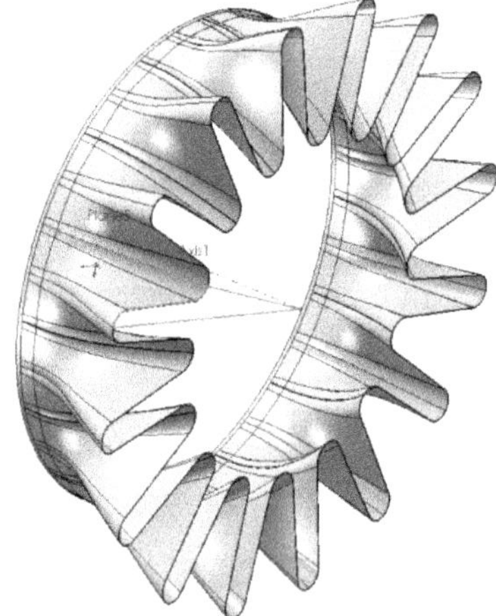

Fig.8.14 – Forma peretelui ondulat al camerei de amestec

8. Festonarea dispozitivului de amestec

Dispozitivul de amestecare descris de brevetul citat este unul lobular festonat, ceea ce implică şi operaţiunea de “tăiere” a extremităţii secţiunii din aval. Pentru aceasta vom folosi comanda **Features – Revolve cut** după o schiţă care la rândul său urmăreşte conturul trasat în Fig.8.1 de către autorii brevetului. Din motive de vizualizare este mai simplu să ascundem geometria creată până acum prin suprimarea (**suppress**) din **Feature Manager** a primului **loft** iar apoi să reactivam schiţa cu imaginea preluată din brevet (click dreapta - **Show**).

În planul lateral stâng iniţiem o nouă schiţă 2D în care trasăm conturul de tăiere – Fig.8.14.

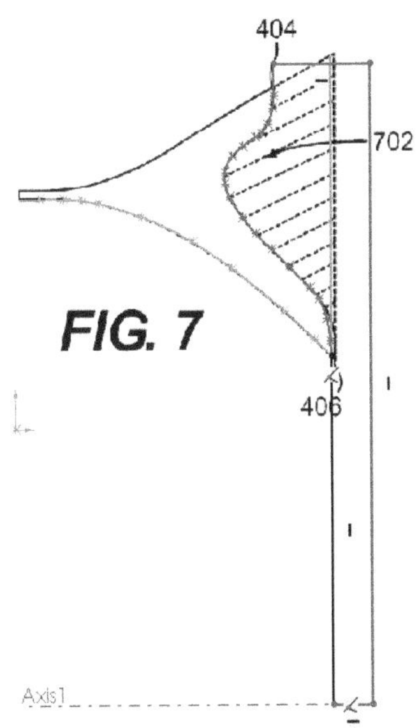

Fig.8.15 – Schiţa pentru operaţiunea de tăiere

Este important ca schiţa să conţină şi un segment care va servi ca axă de rotaţie (coliniară cu axa folosită la **Circular Pattern**).

Pentru finalizarea geometriei este necesară reactivarea (**unsuppress**) tuturor operaţiilor de modelare care au fost suprimate. Aceasta poate fi făcută direct prin click dreapta – **unsuppress** pe **shell** (din **Feature Manager**) sau, pentru cazurile în care sistemul de calcul dispune de mai puţine resurse, individual pe fiecare operaţie în parte.

Tăierea se face selectând segmentul considerat axa de revoluţie după care **Features – Revolve Cut**. Pentru cazurile în care extremităţile nu sunt complet acoperite de schiţa tăietoare, programul permite selectarea corpurilor pe care dorim a le păstra, în speţă, corpul 1.

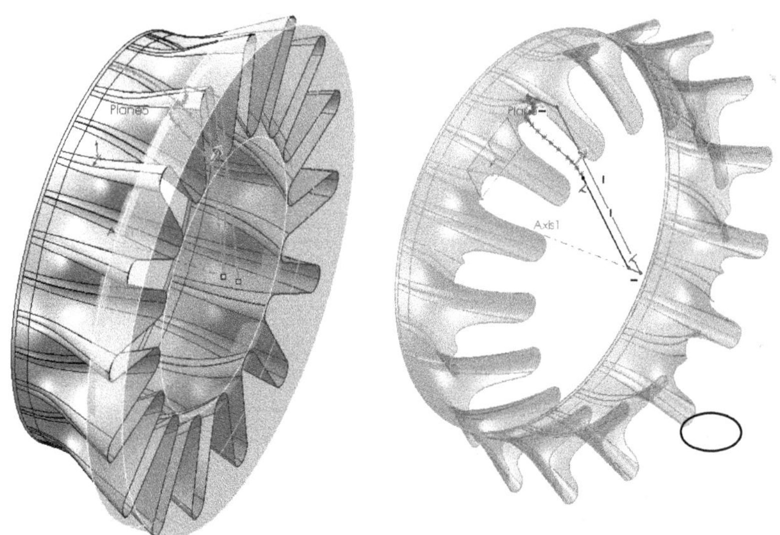

Fig.8.16 – Volumul de tăiere (stânga) şi corpurile rezultate (dreapta)

După scalarea corpului **Insert – Features – Scale** (factorul de scalare depinzând de cotele dimensionale reale ale turbomotorului pe care dispozitivul îl echipează), dispozitivul de amestecare este finalizat. Acesta poate fi ulterior introdus într-un ansamblu şi încercat din punct de vedere termo-gazodinamic în vederea stabiliri parametrilor de funcţionare şi a performanţelor.

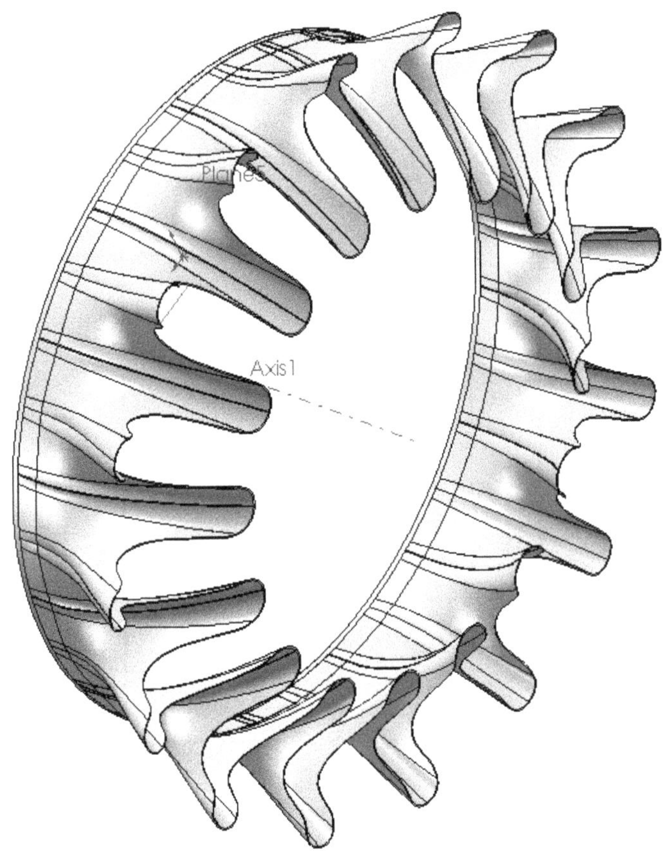

Fig.8.17 – Dispozitivul de amestecare finalizat

O alternativă, probabil mai potrivită din punct de vedere constructiv (deşi mai puţin uzitată), este folosirea comenzii **Indent** (**Insert – Features**). Aceasta secţionează un corp solid (sau o suprafaţă) prin intersecţia cu o suprafaţă (în cazul acesta o suprafaţă de revoluţie). Deoarece dorim să creăm o suprafaţă (ci nu un corp solid), schiţa pe care o vom folosi va fi deschisă, Fig.8.18 (a se remarca deosebirile faţă de schiţa din Fig.8.15, folosită la **Revolve Cut**).

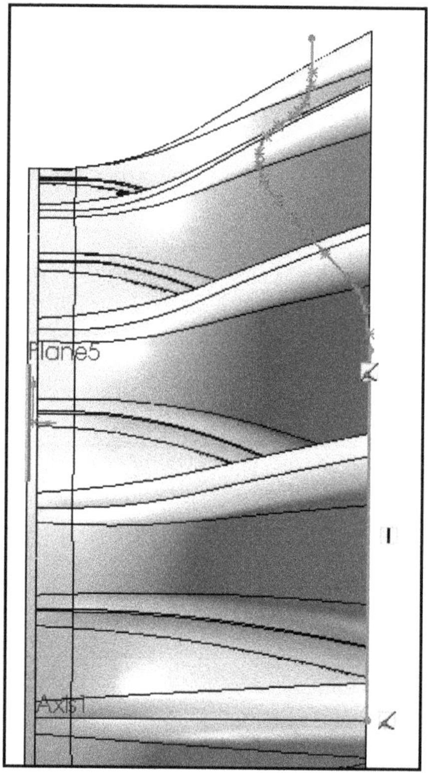

Fig.8.18 – Schiţa după care va fi realizată suprafaţa de revoluţie (se remarcă lipsa liniei de axă şi conturul deschis al schiţei)

După ajustarea schiţei, vom crea o suprafaţă de revoluţie prin comanda **Insert – Surface –Revolve**, selectând ca axa de simetrie Axa 1 (a modelului) şi ca profil schiţa de mai devreme. Rezultatul este prezentat în Fig.8.19.

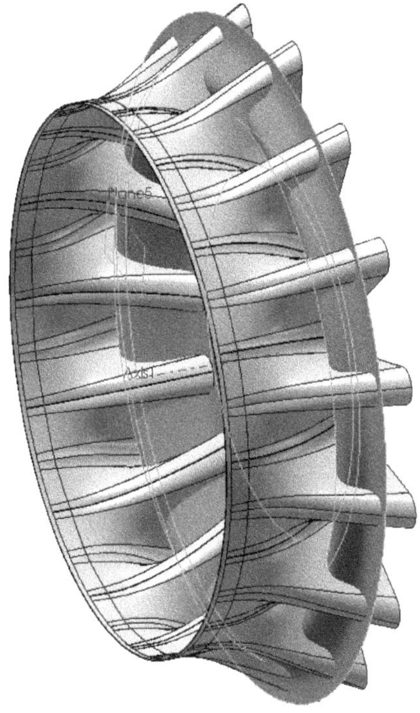

Fig.8.19 – Corpul dispozitivului de amestec intersectat de suprafaţa (de revoluţie) tăietoare

În timpul operaţiunii este necesară selectarea corpului ţintă (**Target body**) şi a suprafeţei (sau suprafeţelor) tăietoare (**Tool body region**). De asemenea se poate seta toleranţa operaţiunii şi distanţa faţă de suprafaţa cu care se doreşte a fi decalată tăierea (trebuie bifată opţiunea **Cut**).

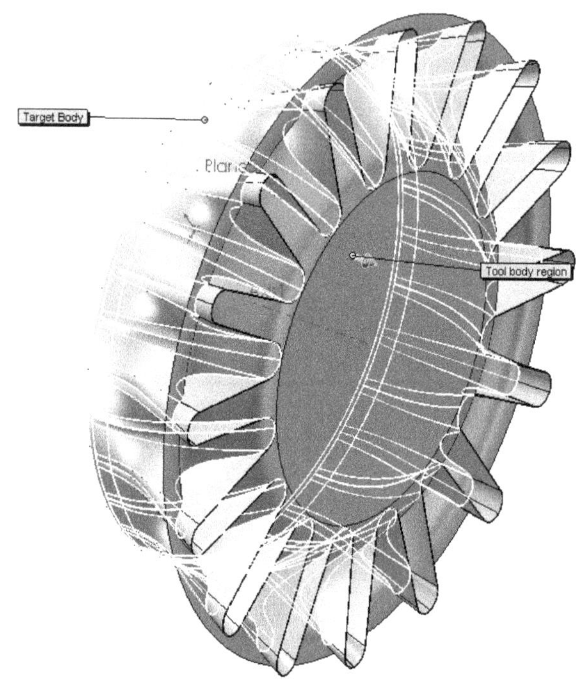

Fig.8.20 – Selectarea suprafeţelor cheie pentru operaţiune

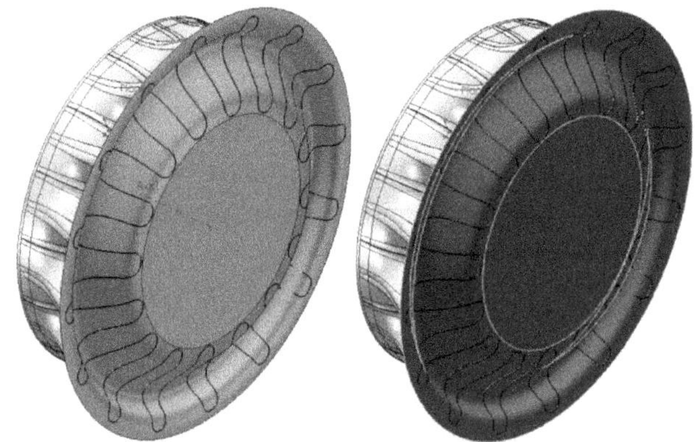

Fig.8.21 –Suprafaţa tăietoare rămasă în urma comenzii **Indent**

După finalizarea operaţiunii modelul poate fi împărţit în două corpuri, dispozitivul de amestec şi suprafaţa tăietoare. Aceasta din urma trebuie eliminată prin comanda **Insert – Features – Delete Body**, ajungându-se la modelul final Fig.8.22.

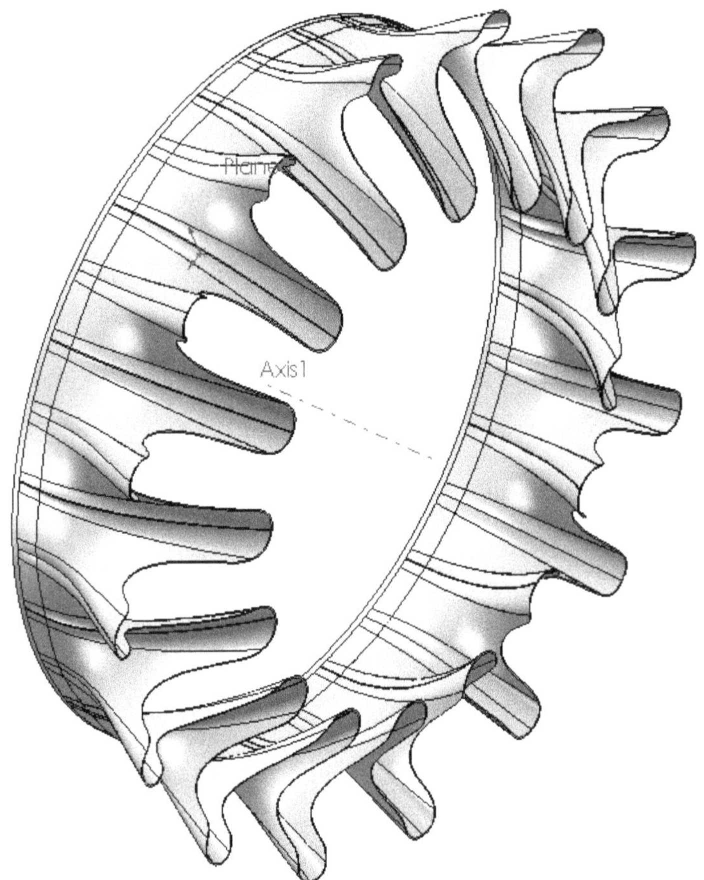

Fig.8.22 – Dispozitivul de amestec finalizat

Alternativa pentru determinarea razei ajutajului de bază

Construcţia pentru o geometrie riguroasă (care elimină golurile dintre lobi) poate fi realizată folosindu-ne de ecuaţii (**Tools – Equations**).

Aşadar, în planul frontal (care conţine schiţa ajutajului circular) iniţiem o schiţă în care desenăm două linii de construcţie în jurul reperului fixat (diferenţa de înălţime determinată grafic între cele două schiţe directoare). Apoi, dintr-un punct oarecare (este important să nu existe alte constrângeri) aflat pe axa verticală, trasăm un sector de cerc a cărui deschidere o impunem la θ=11,25° Fig.8.23. Din punctul B trasăm o dreaptă orizontală până în punctul C Fig.8. 24.

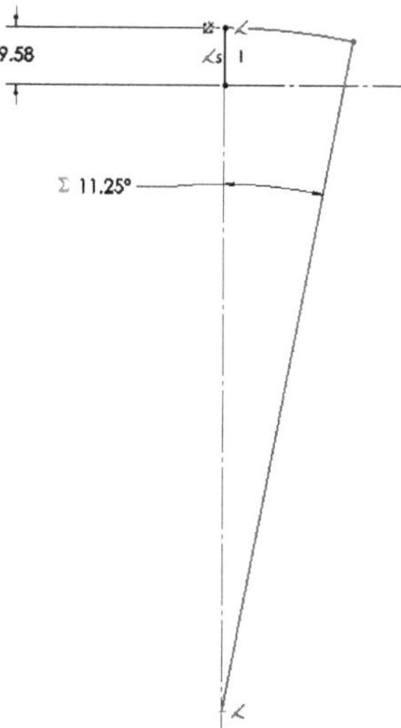

Fig.8.23 – Reperul şi construcţia sectorului de cerc de deschidere cunoscută

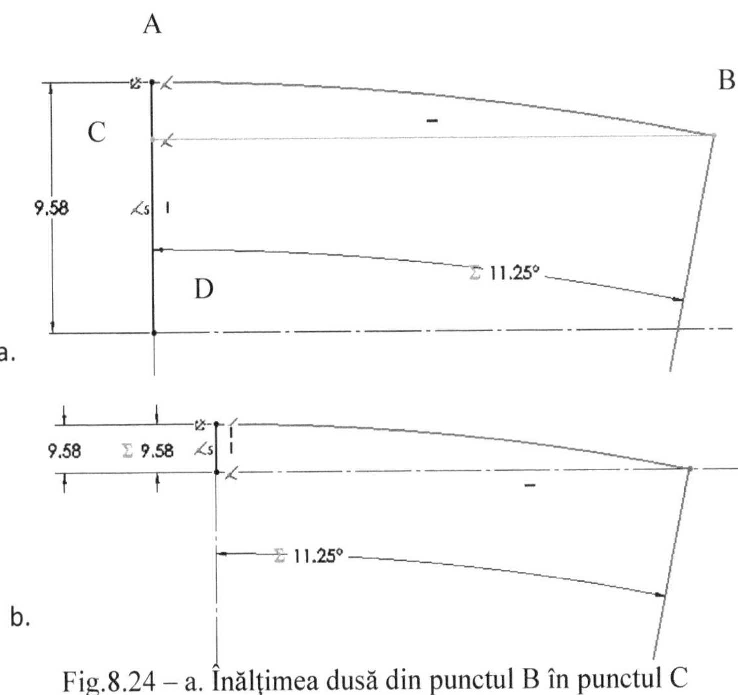

Fig.8.24 – a. Înălţimea dusă din punctul B în punctul C
b. Congruenţa celor două segmente

Trasăm segmentul [AC] a cărui lungime o impunem să fie egală cu cea a segmentului [AD] (**Tools – Equations**). După cum reiese din Fig.8.24.b, segmentele [AC] şi [AD] sunt de acum congruente. Aşadar, arcul de cerc este acum pe deplin descris şi este în conformitate cu descrierea cunoscută. Prin urmare raza sa este exact raza cercului care descrie secţiunea ajutajului.

Ca exerciţiu, merită repetată construcţia restului geometriei pentru dispozitivul de amestec al turbomotorului.

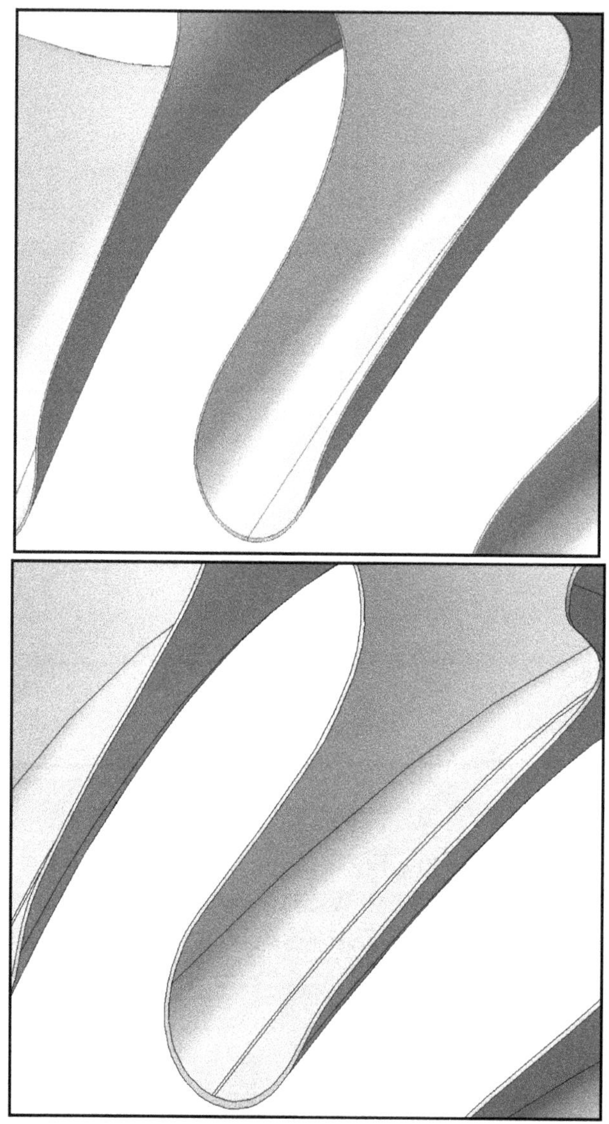

Fig.8.25 – Diferenţele dintre metoda riguroasă (sus) şi cea aproximativă (jos) pentru desenul dispozitivului de amestec

Cap.IX - Digitizarea automatizată a modelelor preluate prin scanare 3D

Cap.IX - Digitizarea automatizată a modelelor preluate prin scanare 3D

Scanarea tridimensională este una dintre metodele din ce în ce mai utilizate în industrie atât pentru proiectare inversă (*reverse engineering*) cât şi pentru verificarea rapidă a conformităţii unor componente mecanice de înaltă precizie. Flexibilitatea şi portabilitatea sistemelor de scanare 3D compensează pe deplin micile erori (acurateţea fiind totuşi mai scăzută decât în cazul măsurătorilor de tip CMM, Coordinate Measurment Machine).

Programul **Solidworks** oferă posibilitatea scanării tridimensionale (cu echipament compatibil, de tip **NextEngine Scan**) precum şi a prelucra semi-automatizat geometria odată scanată. Modulul **ScanTo3D** conţine meniurile de prelucrare a suprafeţelor sau a modelului poligonal (**Mesh**). Cele două meniuri sunt disponibile pentru orice geometrie importată (scanată cu orice alt dispozitiv şi salvată într-unul dintre formatele compatibile, *.stl, *.3ds, *.wrl, *.obj etc.). Tebuie avută grijă, pentru cazul în care dorim să apelăm la aceste meniuri, ca la importul fişierului să folosim la *Files of Type* optiunea *Mesh Files*; altminteri, prin selectarea tipului de fişier direct din meniu (e.g. *.stl), programul va interpreta în mod diferit fişierul şi nu va permite apelarea meniurilor de prelucrare automatizată.

Acestea fiind spuse, vom încerca realizarea unui nou sistem automatizat (simplificat şi dedicat pentru geometrii întâlnite la paletele de turbomotoare) pentru prelucrarea fişierelor scanate 3D.

Automatizarea constă în scrierea unui **Macro (Tools – Macro – Record**) care va înregistra – şi ulterior repeta pentru alte cazuri - operaţiile şi comenzile pe care utilizatorul le apelează. Este de urmărit ca, pe cât posibil, comenzile şi reperele să fie de ordin general pentru ca ele sa se preteze la o varietate cât mai mare de geometrii.

1. Importul fişierului cu obiectul scanat
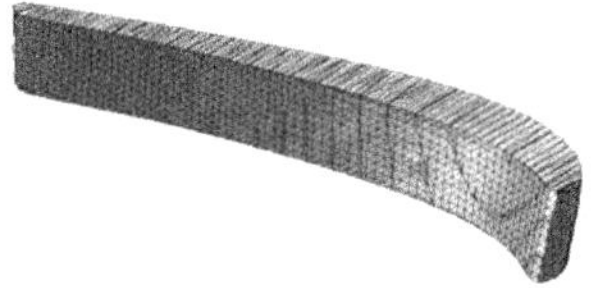
2. Inserarea unui plan de referinţă la mijlocul înălţimii modelului
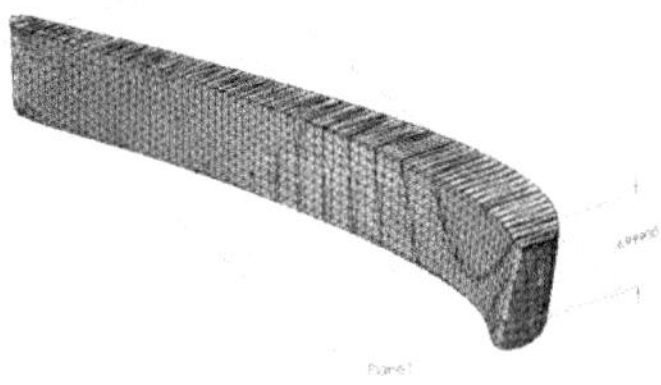
3. Determinarea schiţei de intersecţie dintre plan şi suprafaţă
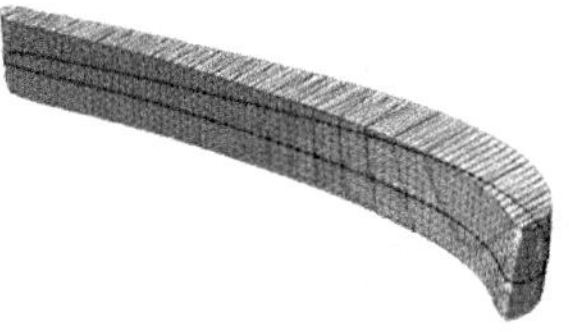
4. Transformarea schiţei (poligonale) de intersecţie într-o curba spline (**Tools – Spline Tools – Fill Spline**)
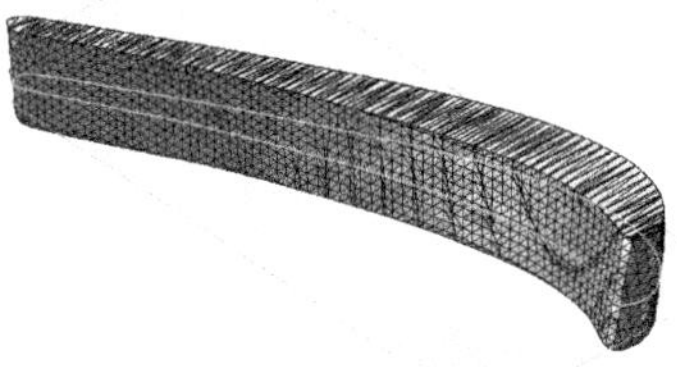

1. Importul geometriei şi stabilirea reperelor

După cum am menţionat anterior, modul în care se realizează importul de date este important în activarea sau dezactivarea unor opţiuni de lucru. În cazul de faţă vom selecta ca tip de fişier importat exact formatul în care avem geometria (*.stl). Odată importată aceasta geometrie, putem începe înregistrarea macroului (**Tools – Macro – Record**), nu este de neglijat locaţia în care se salvează fişierul de înregistrare deoarece acesta poate să fie relativ mare ca spaţiu ocupat pe dispozitivul de stocare.

Primul reper este grosimea secţiunii vizate, aceasta poate fi dimensionată prin meniul de schiţare (**Sketch – Smart Dimension**). Denumirea cotei este importantă pentru stabilirea planului de referinţa.

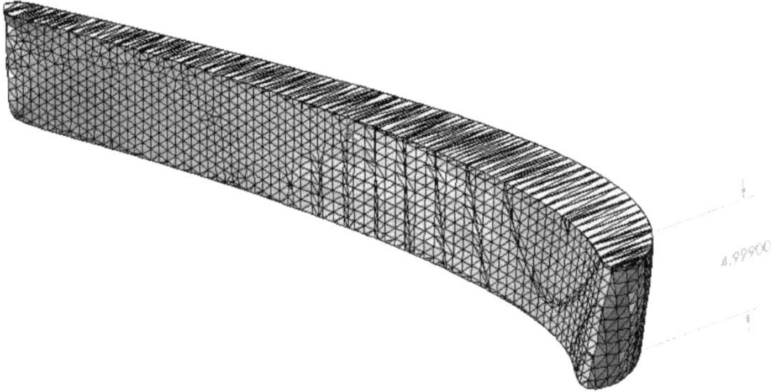

Fig.9.1 – Cotarea grosimii secţiunii de paletă scanată

Următorul reper este la alegerea utilizatorului şi constă în inserarea unuia sau mai multor plane de referinţă (**Reference Geometry – Plane**). În acest exemplu vom alege un plan situat în mijlocul corpului secţiunii paletei.

Având în vedere că restricţia impusă planului este dependentă de cota determinată anterior, vom defini planul de referinţă ca fiind paralel cu cel în care se afla profilele şi la o distanţă convenabilă, aleasă arbitrar (dar în sensul corect, pentru a intersecta modelul). Parametrul care determină distanţa va fi ulterior redefinit printr-o ecuaţie (**Tools – Equations – Add**). În principiu, denumirea parametrului este – în mod implicit – "D1@Plane1", dar pentru mai multă siguranţă el poate fi identificat prin inserarea unui tabel de proiectare (**Insert – Design Table**).

Ecuaţia de legătură dintre cotă şi poziţia planului este

"D1@Plane1"="RD1@Annotations"/2.

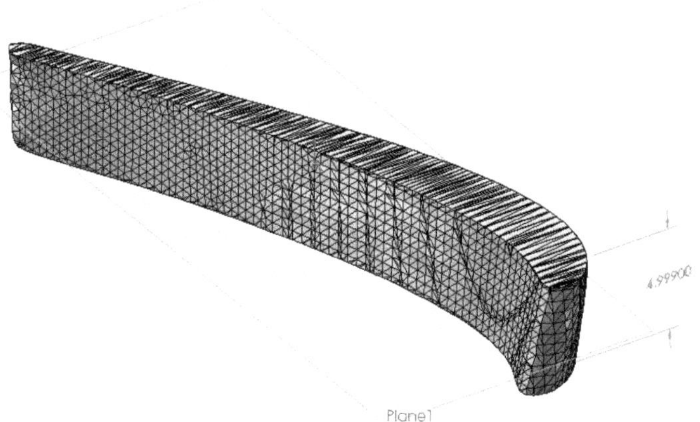

Fig.9.2 – Planul de referinţă definit la jumătatea înălţimii modelului scanat

2. Formarea schiţei de intersecţie

Rezultatul scontat al acestui macro este obţinerea unei curbe spline care să definească în mod cât mai fidel (si neted!) profilul gazodinamic al secţiunii scanate. Astfel, folosind instrumentul de intersecţie a suprafeţelor (**Tools – Sketch Tools – Intersection Curve**) şi selectând suprafeţele planului de referinţă şi pe cea importată, obţinem schiţa de intersecţie (cu toate că instrumentul se numeşte *"Intersection Curve"*, el nu are ca rezultat o curbă, aşa cum sunt cele rezultate din meniul **Insert – Curve**, ci o schiţă – chiar una plană, în cazul de faţă).

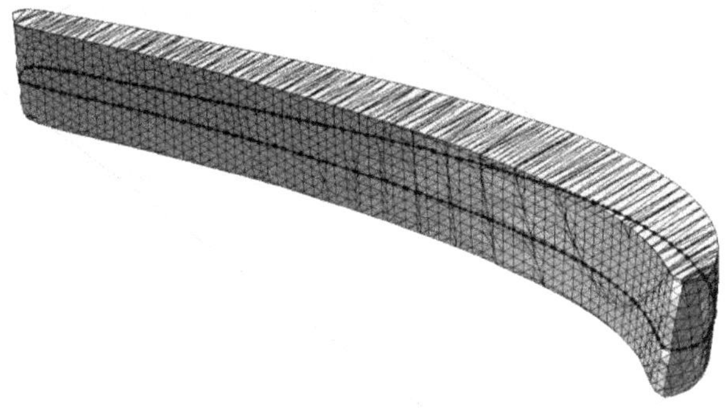

Fig.9.3 – Schiţa rezultată din intersecţia planului de referinţă cu geometria importată

Deşi unele modele sunt "curate" din punct de vedere geometric, este utilă introducerea unei etape în care schiţa nou creată să fie reparată (**Tools – Sketch Tools – Repair Sketch**), ea putând avea mici imperfecţiuni.

3. Realizarea profilului final

Ultimul pas este cel de netezire a schiţei care determină profilul median al geometriei importate. Folosind comanda **Fit Spline (Tools –Spline tools – Fit spline - closed)** obţinem, în locul schiţei poligonale (care va fi ştearsă prin bifarea casetei ***delete geometry***), o curbă spline cu toleranţa pe care o dorim (în funcţie de care curba este mai mult sau mai puţin netedă).

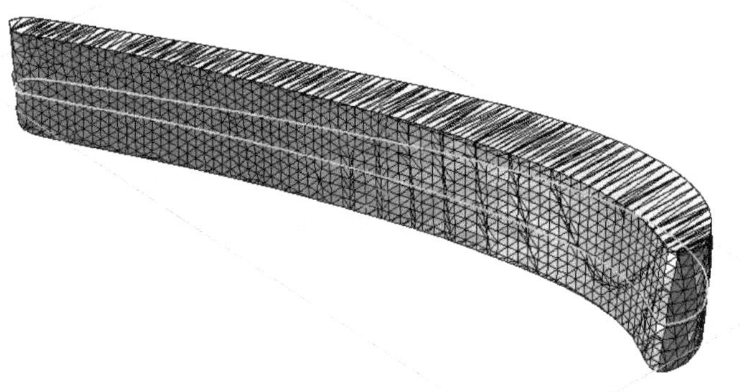

Fig.9.4 – Curba spline finală

După ce se obţine schiţa secţiunii medii, aceasta poate fi copiată într-un plan situat într-un part nou în care se doreşte reconstituirea vectorizată a modelului scanat.

Acelaşi lucru este repetat cu fiecare secţiune, ajungând la o versiune nouă, definită prin curbe spline, a respectivei secţiuni.

Rulând macro-ul înregistrat se poate folosi şi pe alte tronsoane ale paletei pentru a obţine versiunea vectorizată a acesteia.

Datorită gradului mare de automatizare se obţine rapid o versiune "curată" a paletei de turbină scanată cu scannerul 3D. Figurile următoare prezintă rezultatele rulării unui macro similar celui descris mai sus dar care reconstituie baza şi vârful secţiunii importate.

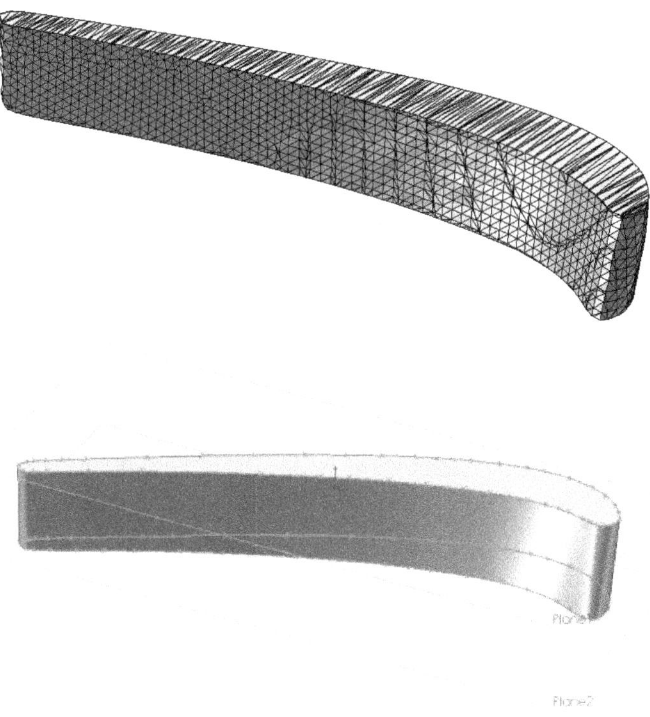

0 – 5 mm

Fig.9.6 – Tronsoanele procesate prin macro-ul dezvoltat

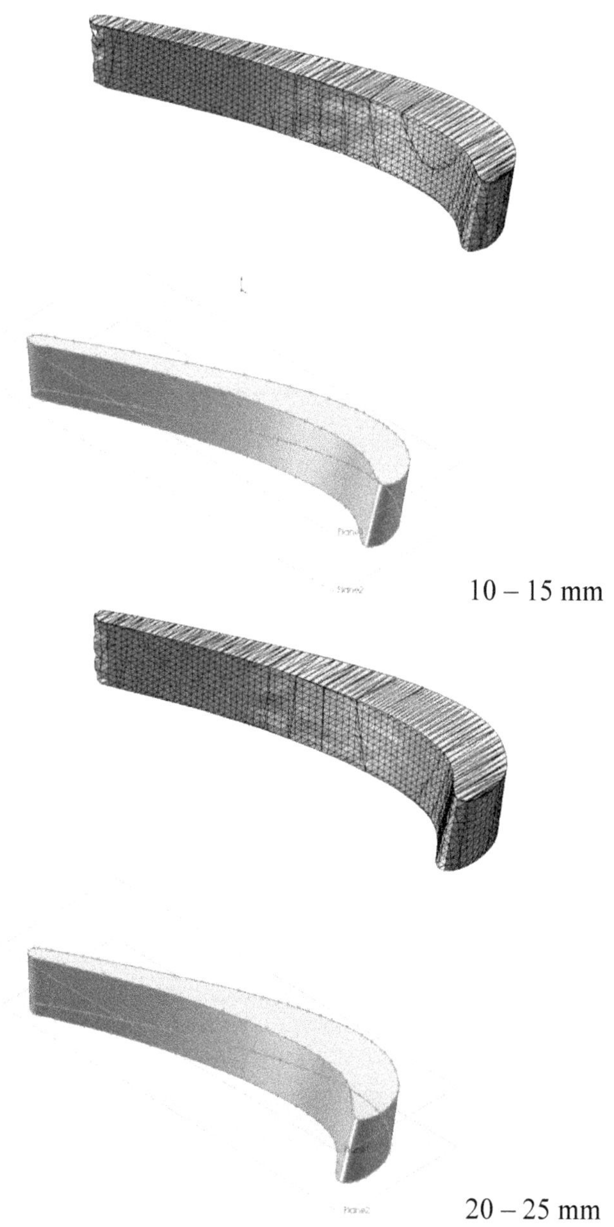

10 – 15 mm

20 – 25 mm

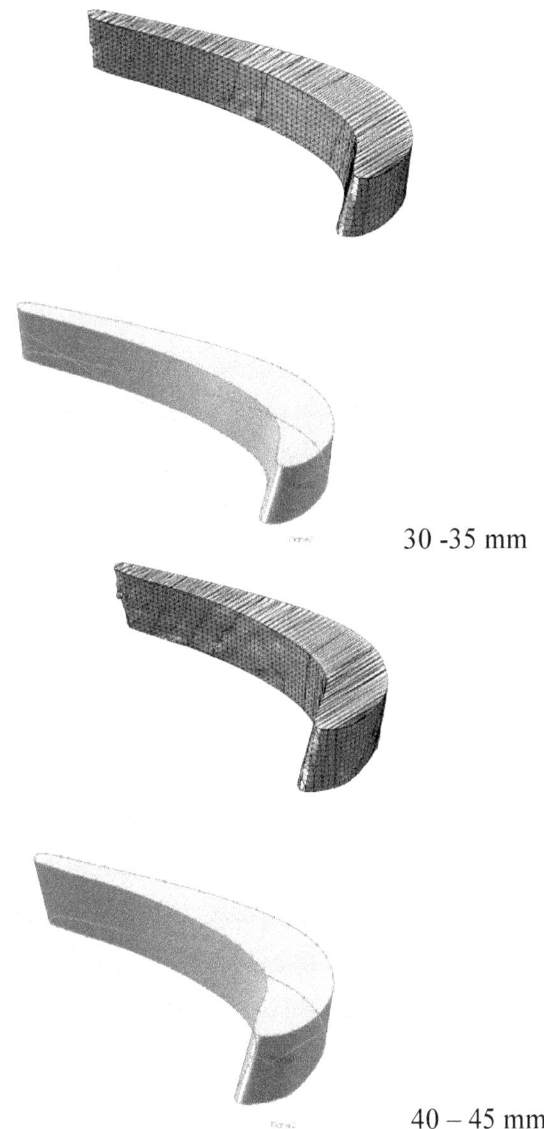

Fig.9.6 – Continuare

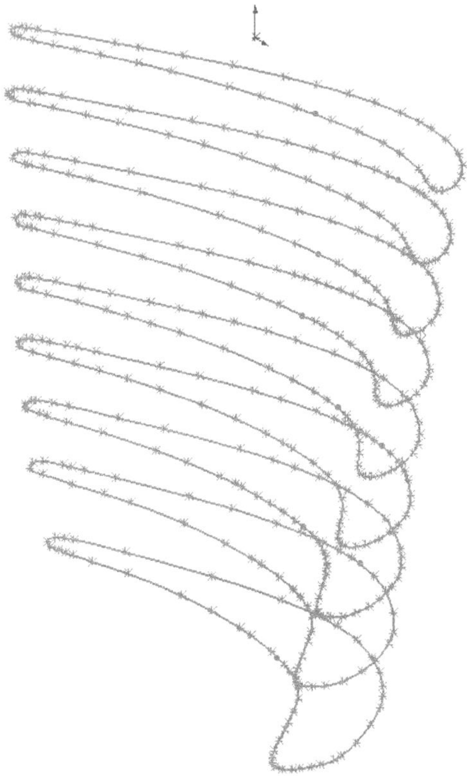

Fig.9.7 – Profilarea paletei scanate după reunirea secţiunilor în urma procesării fiecărui tronson cu macro-ul dezvoltat

Cap.X - Transpunerea schiţelor în puncte de coordonate

- Folosind Macro-uri -

Cap.X - Transpunerea schiţelor în puncte de coordonate folosind Macro-uri

Una dintre problemele des întâlnite în desenul tehnic este transferul schiţelor dintr-un format standardizat într-altul. Deşi acest lucru se poate realiza relativ simplu prin cotare în cazul schiţării prin *polylines* (segmente de dreaptă, arce de cerc), sarcina devine deosebit de complicată pentru schiţele ce implică şi curbe spline. Există o multitudine de variaţiuni ale curbelor de interpolare spline iar acest fapt poate conduce la erori în cazul în care se transferă doar punctele de definiţie ale curbei în cauză. O soluţie simplă este discretizarea curbelor în puncte cât mai apropiate astfel încât diferenţele de interpolare sa fie minimizate. Odată determinate aceste puncte, pentru a le putea transfera, ele trebuie definite prin coordonatele lor (de cele mai multe ori carteziene). Procesul poate fi realizat şi în *SolidWorks* însă numai cu ajutorul unui Macro care să citească fiecare punct din schiţă în cauză şi să îi scrie coordonatele într-un format utilizabil ulterior. Un exemplu de asemenea macro este prezentat la finele acestui capitol.

Schiţa iniţială	Transformarea prin **Fit Spline**
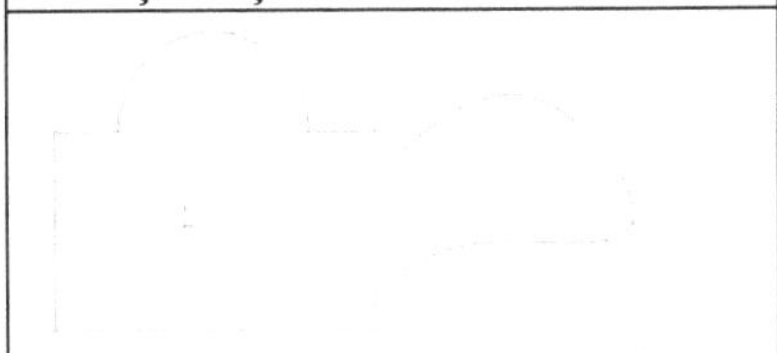	
Inserarea punctelor de referinţă (**Reference geometry – Point**)	Proiectarea tuturor punctelor într-o schiţă unică 3D

1. Transformarea schiţei într-o curbă pline

Deoarece simplifică automatizarea procesului, vom alege să discretizăm schiţa ca pe o singură curbă ci nu ca un ansamblu de curbe şi segmente, pentru această vom folosi funcţia **Fit Spline (Tools – Spline Tools)** ce converteşte cu o acurateţe controlată orice schiţă închisă într-o curbă spline unică. Din păcate, din pricina anumitor limitări ale programului, este mai bine ca utilizatorul să realizeze aceasta etapă manual pentru a se asigura calitatea curbei obţinute.

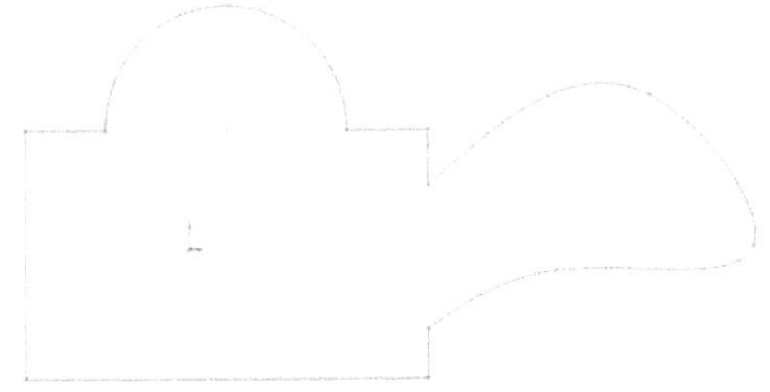

Fig.10.1 – Schiţa iniţială (polyline + spline)

Edităm schiţa folosind **Fit Spline** (***constrained***) cu toleranţa dorită (fără a şterge schiţa iniţiala – pentru a păstra punctele de pe extremităţile liniei poligonale).

Fig.10.2 – Schiţa convertită într-o singură curbă închisă spline

La acest pas este important să selectăm – ulterior creării curbei spline – schiţa iniţială şi să de-bifăm opţiunea ***for construction*** (care se selectează automat, implicit, ca parte a comenzii **Fit spline**) pentru a putea proiecta şi punctele de pe conturul iniţial.

2. Discretizarea curbei unice

Din acest punct se poate începe înregistrarea unui Macro pentru automatizarea întregului proces.

Închidem schiţa şi, selectând curba spline nou obţinută, folosim **Reference geometry - Point** pentru a genera un număr arbitrar de puncte de referinţa de-a lungul curbei selectate. Punctele se recomandă să fie uniform distribuite, mai ales în cazul în care schiţa iniţială este compusă preponderent din curbe spline.

Fig.10.3 – Inserarea a 100 de puncte de referinţă de-a lungul conturului schiţei

3. Reunirea tuturor punctelor de interes într-o singură schiţă

Iniţiem o nouă schiţă - de aceasta dată 3D (cazul care acoperă toate variantele de schiţare pentru schiţa iniţială) - şi, folosind comanda **Convert,** proiectăm în interior toate punctele generate anterior precum şi schiţa originală (selecţia poate fi făcută prin apăsarea tastei *shift* şi selectarea primului şi ultimului element dorit).

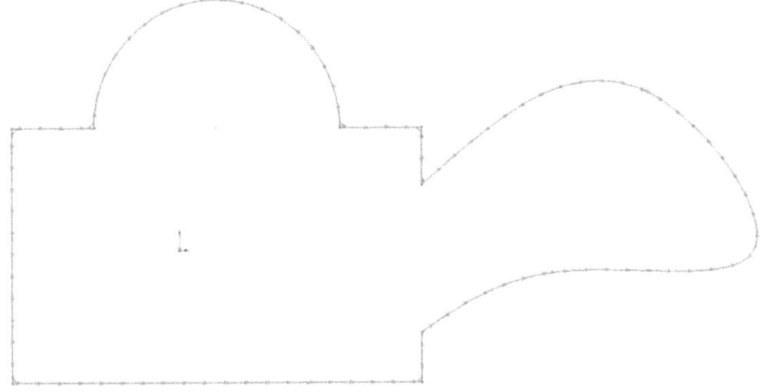

Fig.10.4 – Schiţa 3D pe care se transferă (folosind comanda **Convert**) punctele de referinţă şi schiţa iniţială

La final obţinem o schiţă 3D care include toate punctele iniţiale precum şi cele nou create. Acest pas este util deoarece macro-ul de transfer al coordonatelor punctelor transfera doar acele puncte conţinute de o singură schiţă selectată de utilizator, prin urmare – având toate punctele de interes într-o singură schiţă – se diminuează volumul de muncă necesar.

Macro-urile descrise mai jos pot fi utilizate după înregistrare sau prin copierea într-un macro nou creat (**Tools – Macro – New Macro).**

'Macro pentru transferarea coordonatelor punctelor dintr-o schiță într-un fişier text şi/sau MS Excel'

```
Option Explicit

Dim SW As SldWorks.SldWorks
Dim SWmodel As SldWorks.ModelDoc
Dim SWselect As SldWorks.SelectionMgr
Dim SWfeat As SldWorks.Feature
Dim SWfeat_sketch As SldWorks.Feature

Dim SW_point As Variant

Dim Ox() As Double
Dim Oy() As Double
Dim Oz() As Double

Dim n As Long 'current number'
Dim k As Integer 'sketch number of points'

Sub main()

Set SW = Application.SldWorks
Set SWmodel = SW.ActiveDoc
Set SWselect = SWmodel.SelectionManager
Set SWfeat = SWselect.GetSelectedObject(1)
Set SWfeat_sketch = SWfeat.GetSpecificFeature

SW_point = SWfeat_sketch.GetSketchPoints

k = UBound(SW_point)
```

```
ReDim Ox(UBound(SW_point))
ReDim Oy(UBound(SW_point))
ReDim Oz(UBound(SW_point))

For n = 0 To k
        Ox(n) = SW_point(n).X
        Oy(n) = SW_point(n).Y
        Oz(n) = SW_point(n).Z
Next n

Open "D:\SW_output1.xls" For Output As #1 'prints a
Microsoft Excel space delimited data array'
Print #1, " #pnt Ox Oy Oz"

For n = 0 To k

Print #1, (n + 1); " "; (Ox(n) * 1000); " "; (Oy(n) * 1000); " ";
(Oz(n) * 1000)

Next n
Close #1

Open "D:\SW_output1.txt" For Output As #2 'prints a text file
formated for SolidWorks "Curve Trough XYZ tool" '

For n = 0 To k

Print #2, (Ox(n) * 1000); " "; (Oy(n) * 1000); " "; (Oz(n) *
1000)

Next n
Close #2

End Sub
```

'Macro pentru inserarea punctelor uniform distribuite într-o schiță arecare'

'Macro-ul inserează 10 puncte distribuite uniform de-a lungul conturului unei schiţe oarecare, ce conţine poli-linii şi curbe spline.'

```
Dim swApp As Object
Dim Part As Object
Dim SelMgr As Object
Dim boolstatus As Boolean
Dim longstatus As Long, longwarnings As Long
Dim Feature As Object
Sub main()

Set swApp = Application.SldWorks

Set Part = swApp.ActiveDoc
Set SelMgr = Part.SelectionManager
swApp.ActiveDoc.ActiveView.FrameState = 1
boolstatus = Part.Extension.SelectByID2("Spline1@Sketch1", "EXTSKETCHSEGMENT", -0.05101302188563, 0.03708803994623, 0, False, 0, Nothing, 0)
Dim vRefPointFeatures As Variant
vRefPointFeatures = Part.FeatureManager.InsertReferencePoint(2, 2, 0, 10)
Part.ClearSelection2 True
boolstatus = Part.Extension.SelectByID2("Sketch1", "SKETCH", 0, 0, 0, False, 0, Nothing, 0)
boolstatus = Part.Extension.SelectByID2("Sketch1", "SKETCH", 0, 0, 0, False, 0, Nothing, 0)
Part.EditSketch
Part.ClearSelection2 True
```

```
boolstatus = Part.Extension.SelectByID2("Sketch1", "SKETCH", 0, 0, 0, False, 0, Nothing, 0)
boolstatus = Part.Extension.SelectByID2("Sketch1", "SKETCH", 0, 0, 0, False, 0, Nothing, 0)
Part.ClearSelection2 True
boolstatus = Part.Extension.SelectByID2("Spline1", "SKETCHSEGMENT", 0, 0, 0, True, 0, Nothing, 0)
boolstatus = Part.Extension.SelectByID2("Line1", "SKETCHSEGMENT", 0, 0, 0, True, 0, Nothing, 0)
boolstatus = Part.Extension.SelectByID2("Line2", "SKETCHSEGMENT", 0, 0, 0, True, 0, Nothing, 0)
boolstatus = Part.Extension.SelectByID2("Line3", "SKETCHSEGMENT", 0, 0, 0, True, 0, Nothing, 0)
boolstatus = Part.Extension.SelectByID2("Line4", "SKETCHSEGMENT", 0, 0, 0, True, 0, Nothing, 0)
Part.ClearSelection2 True
boolstatus = Part.Extension.SelectByID2("Spline1", "SKETCHSEGMENT", 0, 0, 0, False, 0, Nothing, 0)
boolstatus = Part.Extension.SelectByID2("Line1", "SKETCHSEGMENT", 0, 0, 0, False, 0, Nothing, 0)
boolstatus = Part.Extension.SelectByID2("Line2", "SKETCHSEGMENT", 0, 0, 0, False, 0, Nothing, 0)
boolstatus = Part.Extension.SelectByID2("Line3", "SKETCHSEGMENT", 0, 0, 0, False, 0, Nothing, 0)
boolstatus = Part.Extension.SelectByID2("Line4", "SKETCHSEGMENT", 0, 0, 0, False, 0, Nothing, 0)
Part.ClearSelection2 True
Part.SketchManager.InsertSketch True
Part.Insert3DSketch
boolstatus = Part.Extension.SelectByID2("Sketch1", "SKETCH", 0, 0, 0, False, 0, Nothing, 0)
boolstatus = Part.SketchUseEdge2(False)
Part.ClearSelection2 True
boolstatus = Part.Extension.SelectByID2("Point1", "DATUMPOINT", 0, 0, 0, False, 0, Nothing, 0)
```

```
boolstatus = Part.Extension.SelectByID2("Point2", "DATUMPOINT", 0, 0, 0, True, 0, Nothing, 0)
boolstatus = Part.Extension.SelectByID2("Point3", "DATUMPOINT", 0, 0, 0, True, 0, Nothing, 0)
boolstatus = Part.Extension.SelectByID2("Point4", "DATUMPOINT", 0, 0, 0, True, 0, Nothing, 0)
boolstatus = Part.Extension.SelectByID2("Point5", "DATUMPOINT", 0, 0, 0, True, 0, Nothing, 0)
boolstatus = Part.Extension.SelectByID2("Point6", "DATUMPOINT", 0, 0, 0, True, 0, Nothing, 0)
boolstatus = Part.Extension.SelectByID2("Point7", "DATUMPOINT", 0, 0, 0, True, 0, Nothing, 0)
boolstatus = Part.Extension.SelectByID2("Point8", "DATUMPOINT", 0, 0, 0, True, 0, Nothing, 0)
boolstatus = Part.Extension.SelectByID2("Point9", "DATUMPOINT", 0, 0, 0, True, 0, Nothing, 0)
boolstatus = Part.Extension.SelectByID2("Point10", "DATUMPOINT", 0, 0, 0, True, 0, Nothing, 0)


Part.ClearSelection2 True
Part.SketchManager.InsertSketch True
Part.ClearSelection2 True
boolstatus = Part.Extension.SelectByID2("Point100", "DATUMPOINT", 0, 0, 0, False, 0, Nothing, 0)
Part.ClearSelection2 True

boolstatus = Part.Extension.SelectByID2("Point1", "DATUMPOINT", 0, 0, 0, True, 0, Nothing, 0)
boolstatus = Part.Extension.SelectByID2("Point2", "DATUMPOINT", 0, 0, 0, True, 0, Nothing, 0)
boolstatus = Part.Extension.SelectByID2("Point3", "DATUMPOINT", 0, 0, 0, True, 0, Nothing, 0)
boolstatus = Part.Extension.SelectByID2("Point4", "DATUMPOINT", 0, 0, 0, True, 0, Nothing, 0)
```

```
boolstatus = Part.Extension.SelectByID2("Point5", "DATUMPOINT", 0, 0, 0, True, 0, Nothing, 0)
boolstatus = Part.Extension.SelectByID2("Point6", "DATUMPOINT", 0, 0, 0, True, 0, Nothing, 0)
boolstatus = Part.Extension.SelectByID2("Point7", "DATUMPOINT", 0, 0, 0, True, 0, Nothing, 0)
boolstatus = Part.Extension.SelectByID2("Point8", "DATUMPOINT", 0, 0, 0, True, 0, Nothing, 0)
boolstatus = Part.Extension.SelectByID2("Point9", "DATUMPOINT", 0, 0, 0, True, 0, Nothing, 0)
boolstatus = Part.Extension.SelectByID2("Point10", "DATUMPOINT", 0, 0, 0, True, 0, Nothing, 0)

Part.BlankRefGeom
boolstatus = Part.Extension.SelectByID2("Sketch1", "SKETCH", 0, 0, 0, False, 0, Nothing, 0)
Part.BlankSketch
End Sub
```

Bibliografie

[1] Matt Lombard, Solidworks 2013 Bible, ISBN: 978-1-118-50840-4

[2] Matt Lombard, SolidWorks 2011 Parts and Assemblies Bible, ISBN: 978-1-118-37606-5

[3] Matt Lombard, SolidWorks 2011 Parts Bible, ISBN: 978-1-118-00275-9

[4] Charles W. Hull, Apparatus for production of three-dimensional objects by stereolithography, US 4575330 A, Mar 11, 1986

[5] Representation for Communication of Product Definition Data: IGES 5.2 (Initial Graphics Exchange Specification Version 5.2), US Product Data Association, November 1993, ISBN 978-1-88538900-8

[6] ISO 10303-21:2002 Industrial automation systems and integration -- Product data representation and exchange -- Part 21: Implementation methods: Clear text encoding of the exchange structure

[7] Amit Kumar, Peter King, Airfoil for a compressor, EP 1921263 A2, General Electric Company, May 14, 2008

[8] Denni Liao, Volute inlet of fan, US 6884033 B2, Cheng Home Electronics Co., Ltd. Apr 26, 2005

[9] Morris Anderson, Turbofan gas turbine engine aerodynamic mixer, US 20110126512 A1, Honeywell International Inc. Jun 2, 2011

[10] Philip P. Walsh, Paul Fletcher, Gas Turbine Performance, Second Edition, Blackwell Science Ltd 2008, ISBN: 9780632064342

[11] Neil Sclater, Mechanisms and Mechanical Devices Sourcebook, 5th Edition, McGraw-Hill's AccessEngineering, 2011, ISBN: 9780071704427

[12] David Japiske, Centrifugal Compressor Design and Performance, December 1, 1996, ISBN-13: 978-0933283039

[13] S Larry Dixon, Cesare Hall, Fluid Mechanics and Thermodynamics of Turbomachinery, Seventh Edition, 2013, ISBN-13: 978-0124159549

[14] http://www.3ds.com/products-services/solidworks/solidworks-tutorials/

[15] http://www.solidworkstutorials.com/

[16] http://learnsolidworks.com/ebooks/ebook

www.ingramcontent.com/pod-product-compliance
Ingram Content Group UK Ltd.
Pitfield, Milton Keynes, MK11 3LW, UK
UKHW021652190726
13853UKWH00001B/216